金企鹅计算机畅销图书系列

全国职业技能教育推荐用书

Word 基础与应用

精品教程

北京金企鹅文化发展中心　策划

邢金萍　徐建平　肖文雅　主编

航空工业出版社

北京

内 容 提 要

Microsoft Word 是目前最优秀、使用最为广泛的文字处理软件，利用它可制作格式丰富的各类文档，如普通文档、公文、信函、简历、书籍、电子邮件和专业效果的 Web 页。本书为 Word 入门与提高教程，以目前最新版本 Word 2007 为基础进行讲解，内容包括 Word 2007 基础操作，Word 2007 入门知识，文档的基本格式编排，文档的高级编排，文档的美化，表格的应用，模板和宏的使用，长文档的编排，使用邮件合并和向导，文档审阅与修订，在文档中插入公式，以及 Word 2007 的一些使用技巧等。

本书每章都配有详尽的讲解，大量的图示，众多的实例，从而使读者既能掌握 Word 2007 的各种基本功能，又能随时随地进行练习，以巩固所学内容。此外，还在每章最后给出了精心设计的思考与练习。

本书特别适合作为各大中专院校和培训学校的教材，也可作为电脑办公人员的自学参考书。

图书在版编目（CIP）数据

Word 基础与应用精品教程 / 邢金萍，徐建平，肖文雅主编.—北京：航空工业出版社，2009.6

ISBN 978-7-80243-333-5

Ⅰ. W… Ⅱ.①邢…②徐…③肖… Ⅲ. 文字处理系统，Word 2007—教材 Ⅳ. TP391.12

中国版本图书馆 CIP 数据核字（2009）第 069752 号

Word 基础与应用精品教程
Word Jichu Yu Yingyong Jingpin Jiaocheng

航空工业出版社出版发行
（北京市安定门外小关东里 14 号　100029）
发行电话：010-64815615　010-64978486

北京市科星印刷有限责任公司印刷	全国各地新华书店经售
2009 年 6 月第 1 版	2009 年 6 月第 1 次印刷

开本：787×1092　1/16　印张：18.5　字数：462 千字

印数：1—8000　　　　定价：28.00 元

卷首语

　　亲爱的读者朋友，衷心感谢您的支持。"精品教程"计算机系列图书自推出以来，已成为计算机图书市场上的畅销书。任何产品的畅销都不是偶然的，这套丛书之所以能获得您的认可，说明我们为这套图书付出的所有努力都是值得的。

　　无论是计算机本身还是各种计算机软件，它们都只是一个工具，其目的都是为了提高工作效率，改善我们的生活品质，有效地节约资源。因此，计算机教育的目的应该是：如何让大众花费最少的时间，让计算机为我所用。例如，如何根据自己的目的，选择合适的计算机软件，学习软件中最实用的部分，从而最大限度地节约时间，提高工作效率。

 本套丛书的特色

　　我们认为，一本好书首先应该有用，其次应该让大家愿意看、看得懂、学得会；一本好教材，应该贴心为教师、为学生考虑。因此，我们在规划本套丛书时竭力做到如下几点：

- **精心选择有用的内容**。无论电脑功能多么强大，速度多么快，但它终归是一个工具。既然是工具，那么，我们阅读电脑图书的目的就是掌握让电脑更好为我们服务的方法。就目前来讲，每种软件的功能都很强大，那么这里面哪些功能是对我们有用的，是大家应该掌握的，就需要仔细推敲了。例如，Photoshop这个软件除了可以进行图像处理外，还可以制作网页和动画，但是，又有几个人会用它制作网页和动画呢？因此，我们在内容安排上紧紧抓住重点，只讲大家用到的东西。

- **结构合理，条理清晰，前后呼应**。大家都知道，每种知识都有其内在的体系，电脑也不例外。因此，一本好的电脑书应该兼顾这几点。本系列所有图书都有两条主线，一个是应用，一个是软件功能。以应用为主线，可使读者学有所用；以软件功能为主线，可使读者具备举一反三的能力。

- **理论和实践相辅相成**。应该说，喜欢学习理论的人是很少的。但是，如果一点理论也不学，显然又是行不通的。例如，对于初学电脑的人来说，如果连菜单、工具、快捷菜单都搞不清楚，那又如何掌握电脑呢？因此，我们在编写本套丛书时尽量弱化理论，避开枯燥的讲解，而将其很好地融入到实践之中。同时，在介绍概念时尽量做到语言简洁、易懂，并善用比喻和图示。

- **语言简炼，讲解简洁，图示丰富**。这是一个信息爆炸的时代，每个人都希望花最少的时间，学到尽可能多的东西。因此，一本好的电脑书也应该尽可能减轻读者的负担，节省读者的宝贵时间。

- **实例有很强的针对性和实用性**。电脑是一门实践性很强的学科，只看书不实践肯定是不行的。那么，实例的设计就很有讲究了。我们认为，书中实例应该达到两个目的，一个是帮助读者巩固所学知识，加深对所学知识的理解；一个是紧密结合应用，让读者了解如何将这些功能应用到日后的工作中。

- **融入一些典型实用知识、实用技巧和常见问题解决方法**。对于一些常年使用电脑的人来说，很多技巧可能已不能称为技巧，某些问题可能也不再是问题。但对于初次接触电脑或者电脑使用经验有限的人来说，这些知识却非常宝贵。例如，很多读者尽管系统学习了 Photoshop，但仍无法设计出一个符合出版要求的图书封面，因为他根本不知道图书开本、书脊、出血是什么意思。因此，我们在各书中都安排了很多知识库、经验之谈、试一试等内容，从而使读者在学会软件功能的同时，还能掌握一些实际工作中必备的基本知识和软件应用技巧。

- 精心设计的思考与练习。要检查学习成果，靠的就是思考与练习。因此，思考与练习题的设计也是非常讲究的。本套丛书的"思考与练习"并不像市面上某些图书一样不负责任，随便乱写几个，而都是经过精心设计，希望它们真正起到检验读者学习成果的作用。

- 提供完整的素材与适应教学要求的课件。读者在学习时要根据书中内容进行上机练习，完整的素材自然是必不可少的。此外，如果希望用作教材，一个完全适应教学要求的课件也是必须的。

- 很好地适应了教学要求。本套丛书在安排各章内容和实例时严格控制篇幅和实例的难易程度，从而照顾教师教学的需要。基本上，教师都可在一个或两个课时内完成某个软件功能或某个上机实践的教学。

另外，我们在策划这套丛书时，还走访了众多学校，调查了大量的老师和学生，详细了解了他们的需要，然后根据调查所得的数据确定各书的内容和写作风格。最后聘请具有丰富教学经验的一线教师进行编写。

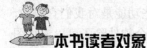

本书读者对象

本书内容全面、条理清晰、实例丰富，特别适合作为各大中专院校和培训学校的教材，也可作为电脑办公人员的自学参考书。

本书内容安排

第 1 章：主要介绍了如何启动和退出 Word 2007，Word 2007 工作界面各组成元素的名称及作用，以及如何在文档编辑的过程中及时获取帮助的方法。

第 2 章：主要介绍了 Word 2007 的一些入门操作，包括文档内容的输入方法，如何输入与修改文本，文档的保存、关闭、打开与新建和文档的编辑方法。

第 3 章：主要介绍了文档的基本格式编排，包括字符格式的设置方法，段落格式的设置方法，以及页面的设置与文档的打印输出方法。

第 4 章：主要介绍了文档的高级编排知识，包括使用"格式刷"工具复制格式，使用样式快速统一文档格式，为文档的分页与分节的方法，为文档添加页眉和页脚，以及为文档设置分栏等。

第 5 章：主要介绍了如何对文档进行美化操作，包括在文档中插入并编辑图片，在文档中使用艺术字，在文档中插入并编辑图形，在文档中插入文本框，设置首字下沉，为段落添加项目符号和编号，为文字和段落添加边框和底纹等知识。

第 6 章：主要介绍了在 Word 中如何使用表格，包括建立表格并输入内容，单元格、行、列与表格的选取，调整表格布局，对表格进行美化，以及表格的一些其他操作等知识。

第 7 章：主要介绍了如何在 Word 中使用模板和宏，包括如何创建、应用和编辑自定义的模板，如何录制、运行、删除宏等知识。

第 8 章：主要介绍了长文档的编排方法与要点。包括利用大纲视图及主控文档辅助编排长文档的方法，编制目录与索引的方法，以及在文档中添加脚注与尾注的方法。

第 9 章：以制作成绩通知单和单个信封为例，介绍了利用邮件合并功能制作信函和使用中文信封向导制作单个信封的方法。

第 10 章：主要介绍了文档的审阅及修订方法，包括拼写和语法检查功能的使用，文档批注的添加与编辑，以及对文档进行修订的方法。

第 11 章：主要介绍了如何在文档中插入公式，如插入内置公式，插入新公式，将公式添加到常用公式列表中，以及公式的编辑与删除等知识。

第 12 章：主要介绍了 Word 2007 一些实用的文档输入、编辑和设置技巧。

本书课时安排建议

章节	课时	备注
第 1 章	1 课时	1.1 节重点讲解，最好上机操作
第 2 章	3 课时	2.2 节、2.3 节以及 2.6 节重点讲解，最好上机操作
第 3 章	3 课时	全章都重点讲解，最好上机操作
第 4 章	5 课时	全章都重点讲解，最好上机操作
第 5 章	5 课时	全章都重点讲解，最好上机操作
第 6 章	3 课时	全章都重点讲解，最好上机操作
第 7 章	2 课时	全章都重点讲解，最好上机操作
第 8 章	3 课时	全章都重点讲解，最好上机操作
第 9 章	2 课时	全章都重点讲解，最好上机操作
第 10 章	2 课时	全章都重点讲解，最好上机操作
第 11 章	2 课时	全章都重点讲解，最好上机操作
第 12 章	2 课时	全章做简要了解
总课时		33 课时

本书的创作队伍

本书由北京金企鹅文化发展中心策划，邢金萍、徐建平、肖文雅主编，并邀请一线计算机专家参与编写，编写人员有：郭玲文、郭燕、白冰、顾升路、姜鹏、朱丽静、常春英、孙志义、丁永卫等。

编　者
2009．6

Contents

目　录

第 1 章　初识 Word 2007

随着办公自动化在企业中的普及，Word 得到了广泛的应用。而其最新版本 Word 2007，更是让人有种耳目一新的感觉……

第 2 章　Word 2007 入门

要熟练地使用 Word 2007，掌握一些基本操作是必不可少的。例如，文件的新建、保存、关闭与打开，输入文字的方法与技巧，对文档内容进行增、删、改等基本编辑方法……

第3章 基本格式编排

文档编辑完成，一般我们都会对其进行格式编排，然后打印出来。文档的基本格式编排包括为文档设置字符格式，如字体、字号，以及段落格式，如行间距、段间距等。在打印之前，还需要根据需要对文档的页面进行设置，预览效果无误，就可以打印了……

第4章 文档高级编排

为了使文档更具专业风范，可对文档执行一些较为高级的编排操作，例如，使用样式快速统一文档格式，为文档分栏，以及为文档添加页眉和页脚等……

第5章　文档美化

只包含文字的文档未免有些枯燥，要使文档更生动，从而更具吸引力，可在文档中执行插入艺术字、图片和图形，为文档添加边框和底纹等美化操作……

第6章　表格应用

与文字相比，表格可以更加直观地表现数据。Word提供了丰富的表格编辑功能，可以帮助用户轻松制作各种表格，同时，还可对表格中的数据进行简单的排序和计算……

第 7 章　使用模板与宏

文档模板中包含了文档的基本内容及相关设置信息。如果我们要创建大量具有规范格式的文档，不妨制作包含规范格式的文档模板，再套用该模板创建文档。而"宏"可以将连续执行的多个命令打包批处理，使得繁琐的工作在瞬间完成……

第 8 章　长文档编排

若文档的篇幅较长，势必会给编排工作带来一定的麻烦。Word 提供了大纲视图、大纲工具及主控文档工具辅助长文档的编排，使得长文档编排变得轻而易举……

第 *9* 章　使用邮件合并和向导

如果你想要制作内容大致相同但联系人信息不同的信函，如通知、请柬，或是一些格式相同但收件人信息不同的信封，Word 的邮件合并功能和信封向导会在最短的时间帮你实现……

第 *10* 章　文档审阅与修订

Word 提供了文档批注及修订功能辅助我们对电子文档进行审阅和修改，执行修订操作后，文档中会以不同的格式清晰地反映出审阅者的修改意见，而作者则可以选择接受或拒绝修订，快速完成文档内容的修改……

第 11 章　在文档中插入公式

在 Word 文档中制作数学或化学试卷，难不到我的！Word 2007 的公式编辑快速、方便，并且功能非常强大……

第 12 章　Word 2007 使用技巧

我们已经系统地学习了 Word 2007 的使用方法。除了一些基本应用外，在实际工作中，Word 2007 还有许多小技巧。技巧虽小，但却能发挥巨大的作用……

第1章
初识 Word 2007

本章内容提要

章前导读

　　Word 2007 是 Office 2007 中的一个重要的组成部分，是 Microsoft 公司推出的一款优秀的文字处理软件，主要用于日常办公、文字处理，能帮助用户更迅速、更轻松地创建外观精美的文档。本章，我们介绍 Word 2007 的启动、退出及界面组成元素。

1.1　初识 Word 2007

　　本节介绍 Word 2007 的启动和退出方法，及其工作界面组成元素。

1.1.1　启动 Word 2007

　　首先在电脑中安装 Office 2007 软件，接下来就可以启动 Word 程序了。启动 Word 2007 的方法有多种，最常用的方法是：单击桌面上的"开始"按钮，然后依次选择"所有程序" > "Microsoft Office" > "Microsoft Office Word 2007"菜单，如图 1-1 所示。

图 1-1　从"开始"菜单启动 Word 2007

　　此外，我们可以为 Word 2007 创建一个桌面快捷方式，以后只要双击该快捷方式图标就可以快速启动 Word 2007。创建方法如下：单击桌面上的"开始"按钮，然后依次指向

"所有程序" > "Microsoft Office" > "Microsoft Office Word 2007"，右击鼠标，在弹出的菜单中选择"发送到" > "桌面快捷方式"项，如图 1-2 左图所示，此时，桌面上即可显示 Word 2007 的快捷方式图标，如图 1-2 右图所示。

图 1-2　Word 2007 为创建桌面快捷方式

我们还可以通过双击已有的 Word 2007 文档来启动 Word 2007 程序。

1.1.2　Word 2007 的工作界面

启动 Word 2007 后，呈现在我们面前的是它的工作界面，它主要由标题栏、Office 按钮、快速访问工具栏、功能区、文档编辑区、标尺、滚动条和状态栏等组成，如图 1-3 所示。

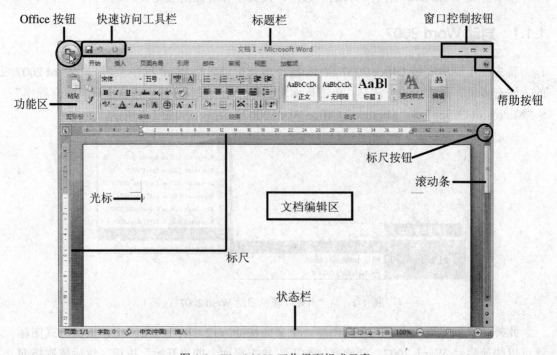

图 1-3　Word 2007 工作界面组成元素

1. 标题栏

标题栏位于 Word 2007 窗口的最顶端，标题栏上显示了当前编辑的文档名称及程序的名称，其最右侧是三个窗口控制按钮，用于对 Word 2007 窗口执行最小化、最大化/还原和关闭操作，如图 1-4 所示。

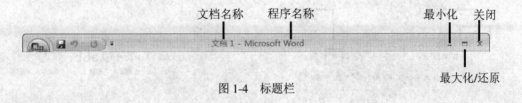

图 1-4　标题栏

2. Office 按钮

Office 按钮位于窗口左上角，单击该按钮，可在展开的菜单列表中执行新建、打开、保存、打印、关闭文档及退出 Word 程序的操作，如图 1-5 所示。单击"Word 选项"按钮，还可在打开的对话框中查看或更改文档及程序的相关属性设置。

3. 快速访问工具栏

快速访问工具栏列示了一些最常用的命令。默认情况下，该工具栏位于 Office 按钮的右侧，其中包含了"保存"、"撤销"、"恢复"和"重复"按钮。

若用户要自定义快速访问工具栏中包含的工具按钮，可单击该工具栏右侧的按钮，在展开的列表中选择要向其中添加或删除的工具按钮，如图 1-6 所示。另外，通过该菜单，我们还可以设置快速访问工具栏的显示位置。

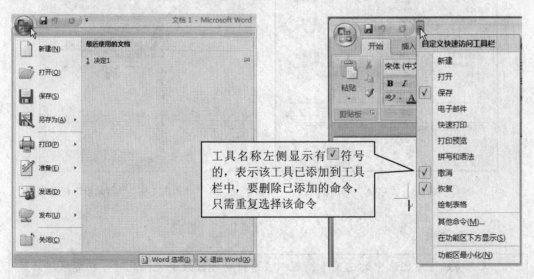

图 1-5　单击"Office 按钮"弹出的菜单列表　　　图 1-6　快速访问工具栏的下拉菜单

4. 功能区

Word 2007 将用于文档编排的所有命令组织在不同的选项卡中，显示在功能区。单击不同的选项卡，可切换功能区中显示的工具命令。在每一个选项卡中，命令又被分类放置在不同的组中，如图 1-7 所示。

图 1-7　功能区

如果在组的右下角有一个带箭头的对话框启动器按钮，则表示系统提供了更多与该组相关的选项，单击该按钮，会打开一个对话框或任务窗格，以便用户对要进行的操作做更进一步的设置。例如，单击"字体"组右下角的对话框启动器按钮，可打开如图 1-8所示的"字体"对话框；单击"剪贴板"组右下角的对话框启动器按钮，可显示"剪贴板"任务窗格，如图 1-9 所示。

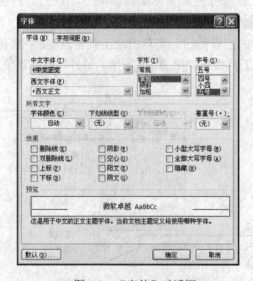

图 1-8　"字体"对话框

图 1-9　"剪贴板"任务窗格

提示

双击功能区中已选中的选项卡，可以快速将功能区最小化，此时，功能区将只显示选项卡，如图 1-10 所示。

此后，单击任意选项卡，功能区将以浮动方式显示。要还原功能区，可双击任意选项卡。

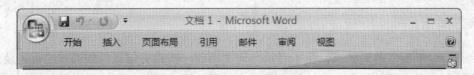

图 1-10 最小化功能区

对话框是一种特殊的窗口，用于提供参数设置和信息提示。虽然对话框的形态各异，功能各不相同，但大都包含了一些相同的元素，如选项卡、编辑框、列表框、复选框、单选钮、预览框、命令按钮等，并且这些元素的使用方法是相同的。对话框中的选项呈黑色时为当前可用选项，呈灰色时为当前不可用选项。图 1-11 所示为单击"页面布局"选项卡上"页面设置"组右下角的对话框启动器按钮打开的"页面设置"对话框中的"文档网格"选项卡。

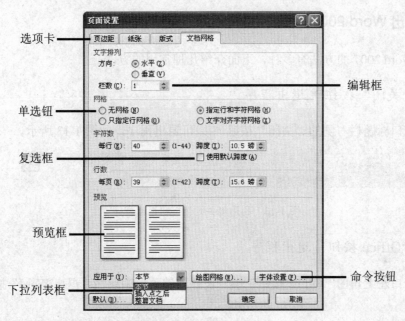

图 1-11 对话框的组成元素

5. 文档编辑区

位于 Word 窗口中心的空白区域是文档编辑区。编辑区中闪烁的黑色竖线称为光标，用于显示当前文档正在编辑的位置。

6. 标尺与滚动条

文档编辑区的上方和左侧分别显示有水平标尺和垂直标尺，用于指示文字在页面中的位置。若标尺未显示，可单击文档编辑区右上角的"标尺"按钮 将其显示出来，再次单击该按钮，可将标尺隐藏。

当文档内容过长，不能完全显示在窗口中，在文档编辑区的右侧和下方会显示垂直滚动条和水平滚动条，通过拖动滚动条上的滚动滑块，可查看隐藏的内容。

7. 状态栏

状态栏位于窗口的最底部，用于显示当前文档的一些相关信息，如当前的页码及总页数、文档包含的字数、校对检查、编辑模式、视图按钮、缩放级别按钮和显示比例调整滑块，如图 1-12 所示。

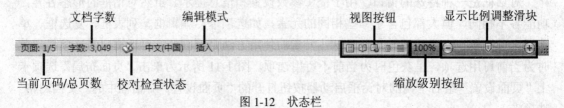

图 1-12　状态栏

1.1.3　退出 Word 2007

退出 Word 2007 的方法有多种，下面介绍几种常用的方法。

1. 通过"关闭"按钮 ✕ 退出程序

单击窗口标题栏右侧的"关闭"按钮 ✕ 即可退出程序，如图 1-13 所示。

图 1-13　利用"关闭"按钮退出程序

2. 通过"Office 按钮"退出程序

单击窗口左上角的"Office 按钮" ，在打开的菜单中单击"退出 Word"按钮，如图 1-14 所示。

图 1-14　通过单击"Office 按钮"退出 Word

双击 Office 按钮或右击标题栏，在弹出的菜单中选择"关闭"，均可退出程序。

3. 使用快捷键退出程序

先激活 Word 窗口，然后按【Alt+F4】组合键即可。

在退出 Word 2007 程序的同时，当前打开的所有 Word 文档也将关闭。如果用户对文档进行了操作而没有保存，系统会弹出一提示对话框，提示用户保存文档。保存文档的操作详见第 2 章的叙述。

1.2　使用 Word 的帮助

Word 2007 提供了丰富的联机帮助，随时解决用户在文档编辑的过程中出现的疑难问题。要使用 Word 的帮助，方法如下：

步骤 1　单击功能区右侧的帮助按钮，如图 1-15 左图所示。

步骤 2　打开"Word 帮助"窗口，在"浏览 Word 帮助"设置区中单击选择帮助的主题，如"表格"，如图 1-15 右图所示。

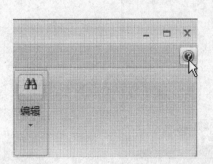

图 1-15　单击帮助按钮、选择帮助主题

按键盘上的【F1】键，也可打开"Word 帮助"窗口。

步骤 3 在"表格"设置区中选择子类别或分类主题，如单击"创建表"超链接，如图 1-16 左图所示。

步骤 4 在打开的主题列表中选择帮助主题，如单击"使用快速表格插入表格"超链接，如图 1-16 右图所示。

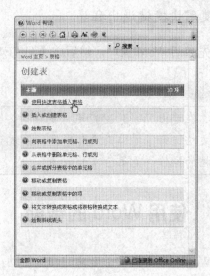

图 1-16 单击帮助链接

步骤 5 窗口中显示出快速插入表格的相关信息和具体操作方法，如图 1-17 所示。

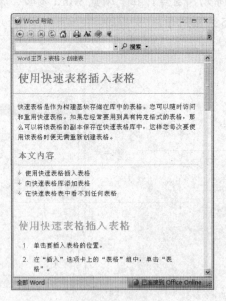

图 1-17 查看帮助内容

若列表中没有用户要找的主题，则可以在"搜索"按钮左侧的编辑框中输入搜索关键词，如"自定义状态栏"，如图 1-18 所示，然后单击"搜索"按钮，系统开始进行搜索，然后在该窗口显示所有有关"自定义状态栏"的帮助主题，单击所需的帮助主题，即可打开该主题的详细内容，如图 1-19 所示。

图 1-18　输入搜索内容

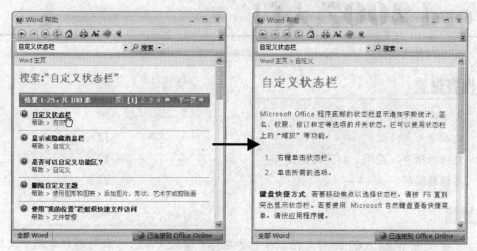

图 1-19　选择搜索主题、显示主题详细内容

1.3　学习总结

本章主要介绍了 Word 2007 的启动与退出方法，Word 2007 工作界面的组成元素，以及如何获取系统的帮助，用户应该了解、掌握，有助于后面的学习。

1.4　思考与练习

一、简答题

1. 如何启动 Word 2007？
2. Word 2007 的工作界面由哪些部分组成，它们各有什么作用？
3. 怎样使用帮助功能查找相关信息？

二、操作题

利用本章所学知识，向快速访问工具栏中添加"快速打印"按钮，效果如图 1-20 右图所示。

图 1-20　向快速访问工具栏中添加命令

第2章
Word 2007 入门

本章内容提要

章前导读

　　要使用 Word 2007 编排文档，首先要在其中输入文本。本章向用户介绍中文输入法的选择与使用，在 Word 2007 中输入文本的方法和技巧，文档的保存、关闭、打开与新建，以及文本的基本编辑方法等。

2.1　文本输入方法

　　启动 Word 2007 后，系统自动新建了一个文档，此时就可以在其中输入内容了。对于不同的内容，输入的方法也不尽相同，下面，我们将进行详细的介绍。

2.1.1　输入英文

　　默认情况下，输入法的输入状态为英文输入状态，即任务栏上的输入法指示器显示一键盘图标 ⌨。输入英文的方法很简单，只需直接敲击键盘上相应的字母按键即可。若要输入大写字母，可按下键盘左侧的大写字母锁定键【Caps Lock】，此时，键盘右上方的 Caps Lock 指示灯会亮，如图 2-1 所示，此后输入的字母都是大写字母，再次按一下该键可回到小写字母输入状态。

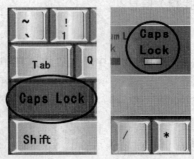

图 2-1　按下【Caps Lock】键以输入大写字母

要输入大写字母，我们还可在按住【Shift】键的同时敲击字母键。

2.1.2　输入数字及符号

要输入数字，可直接敲击键盘上相应的数字按键。

符号键大多都是一些双字符键，双字符键上位于下方的符号可直接敲击该键输入，如",","."和"/"；双字符键上位于上方的符号则需在按下【Shift】键的同时击打该键输入，与输入大写字母时的方法相同。

2.1.3　选择中文输入法

要在文档中输入汉字，需要使用中文输入法。为此，可单击任务栏上的输入法指示器图标，打开输入法列表，如图 2-2 所示，从中选择所需要的输入法。图 2-3 所示为选择"中文（简体）-全拼"输入法后显示的输入法提示条。

图 2-2　输入法列表　　　　　　　　图 2-3　输入法提示条

通过按【Ctrl+Shift】组合键，可在各个输入法之间进行切换（按住【Ctrl】键不放的同时再按【Shift】键，每按一下【Shift】键，输入法名称就会变化一次）。

2.1.4　输入法提示条的组成

输入法提示条除了用于显示输入法名称外，还包含了一些非常有用的按钮，这些按钮的名称如图 2-4 所示。各按钮的含义如下：

半角/全角切换
中英文切换　　　　　　打开/关闭模拟键盘

输入法名称　　中英文标点切换

图 2-4　输入法提示条

> 中英文切换按钮：利用该按钮，可在不退出汉字输入状态的情况下，输入大写英文字母，它与键盘上 Caps Lock 键的作用相同。单击该按钮，按钮图标将显示为，表示转至大写字母输入状态。再次单击该按钮，可重新切换至汉字输入状态。

➢ 输入法名称框 ：显示输入法名称。

➢ 半角/全角切换按钮 ☽：用于切换英文字符的全角和半角状态。当该按钮显示为 ☽ 时，表示处于半角状态。通常情况下，英文字母及数字均为半角形式，其字符宽度为汉字宽度的一半。单击该按钮转至全角方式 ● 后，所输入的字符与汉字宽度相同。

➢ 中/英文标点切换按钮 ″：当该按钮显示为 ″ 时，表示处于中文标点输入状态，即每个标点符号均占一个汉字的宽度。单击该按钮，当其显示为 ' 时，表示处于英文标点输入状态，主要用于编辑英文文档。

提示

除了全角与半角的区别外，某些符号在中/英文标点输入状态下会呈现不同的相貌。例如，在英文标点状态下，按【Shift+6】组合键输入的是"^"，而在中文标点状态下，按该组合键输入的是"……"。

➢ 软键盘（又称模拟键盘或动态键盘）开关按钮 ⌨：单击该按钮，系统将打开一个软键盘，如图 2-5 所示。用户可单击软键盘上的按键输入汉字和符号，其作用和真实键盘完全相同。再次单击该按钮，可隐藏软键盘。

图 2-5　软键盘

提示

右击软键盘开关按钮，可在打开的选项列表中选择软键盘显示的符号类型，我们可在此输入一些键盘上找不到的特殊符号。图 2-6 所示为选择"数字序号"选项时软键盘的显示状态。

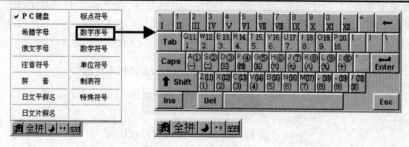

图 2-6　设置软键盘显示

2.2　文本输入与修改

通过上一节的学习，我们知道如何使用输入法了，下面就来学习在文档中输入文本以及文本的编辑方法。

2.2.1　文本的输入

　　启动 Word 2007 后，系统自动创建一个新文档，在文档编辑区中会有闪烁的光标显示，光标显示的位置就是文档当前正在编辑的位置。若光标未显示，可在文档编辑区中单击鼠标。此时，选择一种中文输入法后就可在文档中输入文字了。当输入满一行时，Word 会自动换行；一个段落输入完毕，按【Enter】键开始新的段落，如图 2-7 所示。

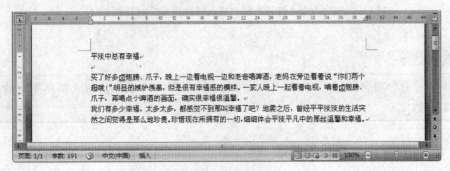

图 2-7　输入文本

　　在输入文字的过程中，若出现了输入错误，可按键盘上的【Backspace】键删除光标左侧的字符，或按【Delete】键删除光标右侧的字符。

2.2.2　输入特殊符号

　　通常情况下，在 Word 文档中除了包含一些汉字和标点符号外，还会包含一些特殊符号，如★、✄、✂ 等，而这些符号使用键盘无法输入。此时可通过单击"插入"选项卡上的"符号"或"特殊符号"组中的"符号"按钮，在展开的列表中进行选择来输入这些特殊符号，如图 2-8 所示。

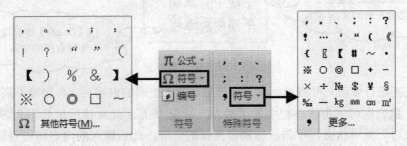

图 2-8　"符号"和"特殊符号"列表

　　若列表中没有用户所需符号，可单击"其他符号"或"更多"项，打开"符号"或"插入特殊符号"对话框，如图 2-9 所示。单击不同的选项卡，可显示不同的符号，用户可在列表框中进行选择，然后单击"插入"或"确定"按钮，将其插入到文档中。

 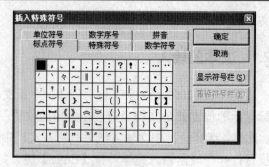

图 2-9　"符号"和"插入特殊符号"对话框

 提 示

在"符号"对话框的"字体"下拉列表中选择不同的字体，列表框中显示的符号也是不同的。

2.2.3　文本的增补、删除与修改

完成文本的输入后，我们可根据需要对文档内容进行增补、删除和修改。

默认情况下，文档的编辑状态为插入状态。因此，若要在文档中添加文字，我们只需单击鼠标确定光标的位置，然后输入所需的文字即可，如图 2-10 所示。

平淡中有幸福　　平淡中总有幸福

图 2-10　添加文字

要删除输入错误的文本，可在要修改处单击鼠标，确定光标的位置，然后按【Backspace】键删除光标左侧的文本，或按【Delete】键删除光标右侧的文本，如图 2-11 所示。

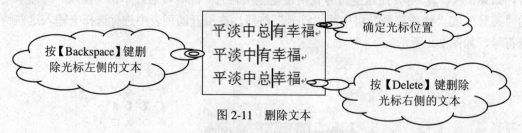

图 2-11　删除文本

要对文本进行修改，可将光标放置在该处，输入正确的内容后，再删除不需要的内容。

另外，我们也可单击状态栏中的"插入"标记 插入 ，此时该标记显示为 改写 ，表示已进入"改写"编辑状态，单击鼠标确定光标的位置，此后输入的内容将覆盖原有内容，如图 2-12 所示。

平淡中会有幸福　　平淡中总有幸福

图 2-12　改写文本内容

单击状态栏中的"改写"按钮 ^{改写}，可切换回"插入"编辑状态。

另外，反复按下键盘上的【Insert】键，也可以在"插入"和"改写"编辑模式间切换。

2.2.4　内容的自动更正

Word 2007 提供的自动更正功能可以辅助我们进行文档内容的输入。它可以自动修正输入时容易出现的英文拼写错误或汉字中的错别字。

例如，当用户在句首输入"betwen"后按空格键，它会被自动更正为"Between"，如图 2-13 左图所示。

如果文档中的某些内容应用了自动更正功能，在将光标定位到这些内容时，将会在内容下方显示自动更正标记 ▬（一个蓝色的矩形），如图 2-13 中图所示。将光标移至该标记将显示自动更正选项指示框 ꝫ 。单击该指示框将打开自动更正操作列表，从中选择不同选项可停止自动更正功能，或者撤销自动更正，如图 2-13 右图所示。

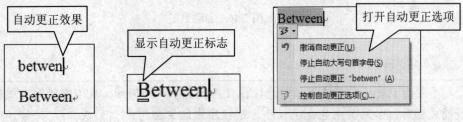

图 2-13　自动更正效果

要查看和设置 Word 2007 的自动更正功能，可单击"Office 按钮"，在展开的列表中单击"Word 选项"按钮，打开"Word 选项"对话框，单击左侧的"校对"项，在右侧列表中单击"自动更正选项"按钮，如图 2-14 所示，打开"自动更正"对话框，在"自动更正"选项卡下方的列表框中显示了系统内置的自动更正条目，我们也可以自己设置条目，在"替换"和"替换为"编辑框中分别输入要替换和替换为的内容，单击"添加"按钮，创建的自动词条被添加到列表中，如图 2-15 所示。单击两次"确定"按钮，词条创建完毕。此后，只要在文档中输入"BA"，按【Enter】键后系统自动将其更正为"2008 北京奥运会"，如图 2-16 所示。

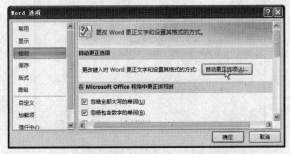

图 2-14　单击"自动更正选项"按钮

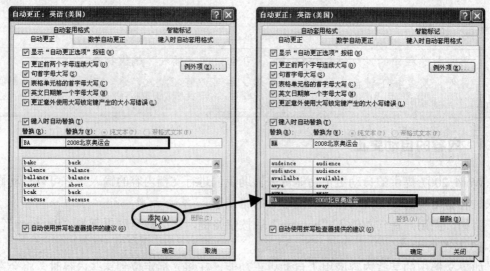

图 2-15 添加自动更正词条

图 2-16 自动更正

 提 示

　　尽管自动更正功能使用很方便，但使用时要小心。例如，我们在编制有关程序设计的文档时，如果其中包含了程序，则程序中通常会包含 "'" 或 """ 符号，但是，我们输入这两个符号时，系统却将其自动转换成了中文双引号，这就错了。

　　利用"键入时自动套用格式"选项卡可设置输入字符时进行哪些替换，如图 2-17 所示。

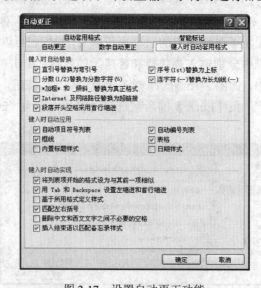

图 2-17 设置自动更正功能

2.3　文档的保存、关闭、打开与新建

文档编辑完成后，要及时对文档进行保存，否则，当发生死机或断电等意外情况时，文档就有可能丢失。本节，我们介绍如何保存文档，以及文档的关闭、打开与新建操作。

2.3.1　保存文档

通常在如下几种情况下需要对文档进行保存：新创建的未命名文档、修改后的文档以及需要改变为其他格式的文档。若要保存新创建的文档，操作步骤如下：

步骤1　单击"Office 按钮"，在打开的列表中选择"保存"项，如图 2-18 左上图所示。

步骤2　打开"另存为"对话框，在"保存位置"下拉列表框中选择文件要保存的位置，如"我的文档"，在"文件名"编辑框中输入文件的名称"枫叶"，如图 2-18 右上图所示，单击"保存"按钮即可。保存后文档窗口的标题栏上将显示新命名的文件名称，如图 2-18 下图所示。

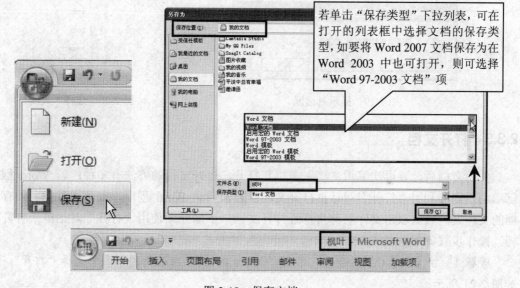

图 2-18　保存文档

　　单击快速访问工具栏上的"保存"按钮🖫或按【Ctrl+S】组合键也可打开"另存为"对话框，对文档进行保存操作。

若文档已经命名过，只是对它进行了编辑、修改操作，保存方法与保存新文档相同，但此时不再打开"另存为"对话框。

若要将修改后的文档以不同的名称、格式或在不同的位置保存，可在单击"Office 按钮"后，在展开的列表中选择"另存为"项，然后在打开的"另存为"对话框中设置文档副本的保存位置、输入文件名称，然后单击"保存"按钮即可。

2.3.2　关闭文档

若对文档的编辑操作已完成，可以将其关闭。

单击窗口右上角的"关闭"按钮 ✕，可关闭文档并退出 Word 2007。其中，若对文档进行了修改但却没有保存，系统将会弹出一个提示对话框，询问是否要保存对该文档所作的更改，如图 2-19 所示。单击"是"按钮表示保存该文档，单击"否"按钮表示不保存该文档，单击"取消"按钮表示放弃当前操作。

若要关闭文档但并不退出 Word 2007 程序，可单击"Office 按钮"，在打开的列表中选择"关闭"项，如图 2-20 所示。

图 2-19　提示对话框　　　　　　　　　　　　　图 2-20　选择"关闭"项

2.3.3　打开文档

关闭文档后，要再次编辑文档，需将其打开。打开文档的方法有多种：若 Word 程序已启动，则可利用"打开"对话框打开文档；若未启动 Word 程序，则可通过找到保存文档的文件夹，然后双击文件名称来打开打开文档。下面介绍使用"打开"对话框来打开文档，操作步骤如下：

步骤1　按【Ctrl+O】组合键或单击"Office 按钮"，在展开的列表中选择"打开"项，如图 2-21 所示。

图 2-21　选择"打开"项

步骤 2　在"打开"对话框的"查找范围"下拉列表中选择文件所在的位置，然后单击要打开的文档，如"枫叶"，如图 2-22 所示，最后单击"打开"按钮即可。

图 2-22　"打开"对话框

若要打开最近编辑过的文档，可直接在图 2-21 所示的"最近使用的文档"列表中单击某个文件名即可。默认情况下，该列表列出最近使用过的 17 个文档。

此外，对于最近编辑过的文档，我们还可单击"开始"按钮，在"我最近的文档"列表中单击将其打开，如图 2-23 所示。值得注意的是，该列表中列示有多种类型的文件，文件名前面有图标的是 Word 2007 文档。

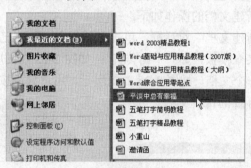

图 2-23　"我最近的文档"列表

2.3.4　创建新文档

启动 Word 2007 后，系统自动创建了一个空白文档。若用户要再次创建新文档，可执行下面的操作。Word 提供了两种新建文档的方式，一种是新建空白文档，另一种是根据模板新建文档。

1. 新建空白文档

要新建空白文档，操作步骤如下：

步骤 1　单击"Office 按钮"，在展开的列表中选择"新建"项。

步骤 2　在打开的"新建文档"对话框中单击左侧列表中的"空白文档和最近使用的文档"项，然后在中间的列表框中单击"空白文档"项，如图 2-24 所示，最后单击"创建"按钮。

图 2-24　单击"空白文档"项

　　按【Ctrl+N】组合键，可快速创建一个新的空白文档。

2. 根据模板创建文档

　　Word 2007 自带了各种模板，如简历、报告、信函、名片等。模板中包含了该类型文档的特定格式，套用模板新建文档后，只需在相应位置添加内容，就可快速创建各种类型的专业文档。根据模板新建文档的操作如下：

　　用上述方法打开"新建文档"对话框，单击左侧列表中的"已安装的模板"项，然后在中间的列表框中单击某个模板，如"平衡传真"，如图 2-25 左图所示，最后单击"创建"按钮，即可按模板创建一个文档，如图 2-25 右图所示，用户只需按照提示，在其中填写内容，即可得到一份格式标准的传真文档。

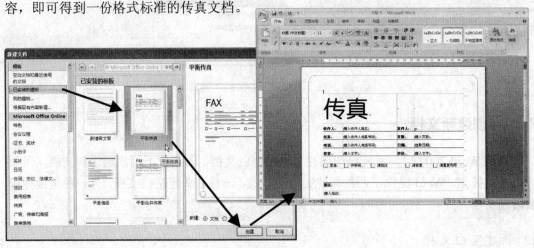

图 2-25　根据模板创建文档

2.3.5　加密和解密文档

　　通过对文档进行加密操作，可以保护自己的文档不被别人查看或防止别人修改文档。

1．设置与清除打开文档密码

如果不希望那些未经授权的用户查看自己保存的文件，我们可以为文档设置密码对其进行保护，操作步骤如下：

步骤 1　打开要进行保护的文档，单击"Office 按钮" ，在展开的列表中选择"准备" > "加密文档"项，如图 2-26 左图所示。

步骤 2　打开"加密文档"对话框，输入保护密码，如图 2-26 右图所示。

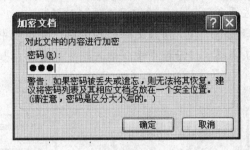

图 2-26　选择"加密文档"项打开"加密文档"对话框

步骤 3　单击"确定"按钮，打开"确认密码"对话框，再次输入刚才的密码，如图 2-27 所示，然后单击"确定"按钮。

步骤 4　保存对文档所做的操作。当试图打开设置了密码保护的文档时，会弹出如图 2-28 所示的"密码"对话框，输入正确的密码才能打开该文档。

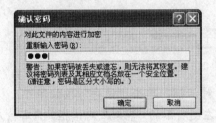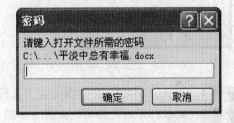

图 2-27　确认密码　　　　　　　　　　　　　　图 2-28　"密码"对话框

对文档进行加密保护后，若要解除密码，操作步骤如下：

步骤 1　打开加密的文档，然后单击"Office 按钮" ，在展开的列表中选择"准备" > "加密文档"项。

步骤 2　在打开的"加密文档"对话框中清除"密码"编辑框中的密码，如图 2-29 所示，然后单击"确定"按钮，最后保存对文档所做的修改操作。

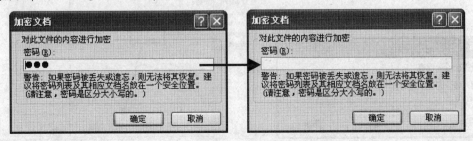

图 2-29　清除密码

2. 设置与清除修改文档密码

此外，我们还可以设置修改文档的密码，以防止未经授权的人修改文档。具体操作步骤如下：

步骤 1 打开要设置修改密码的文档，单击"Office 按钮" 🗔，在展开的列表中选择"另存为"项，打开"另存为"对话框。

步骤 2 单击对话框左下角的"工具"按钮，在展开的列表中选择"常规选项"，如图 2-30 左图所示，打开"常规选项"对话框。

步骤 3 在"修改文件时的密码"编辑框中输入密码后单击"确定"按钮，在打开的"确认密码"提示框中重新输入刚才的密码，如图 2-30 右图所示。

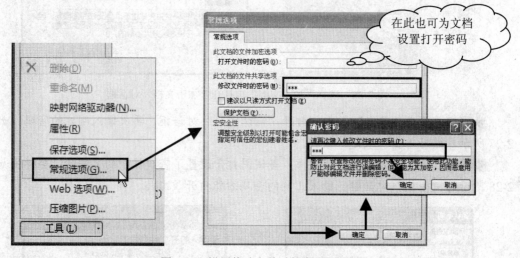

图 2-30 设置修改文件时的密码

步骤 4 单击"确定"按钮后返回"另存为"对话框，单击"保存"按钮即可。

步骤 5 此后打开该文档时，会显示如图 2-31 左图所示的"密码"对话框，只有输入正确的密码才能打开该文档并进行修改操作，否则单击"只读"按钮以只读方式打开该文档。

若要清除修改文档时的密码，可再次打开"常规选项"对话框，清除"修改文件时的密码"编辑框中的密码，单击"确定"按钮后返回"另存为"对话框，然后单击"保存"按钮即可，如图 2-31 右图所示。

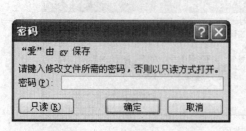

图 2-31 "密码"对话框、清除修改文件的密码

2.4　上机实践——制作参展邀请函

下面我们通过制作如图 2-32 所示的参展邀请函，来练习一下输入法的选择，文本的输入、修改和文档保存操作，步骤如下：

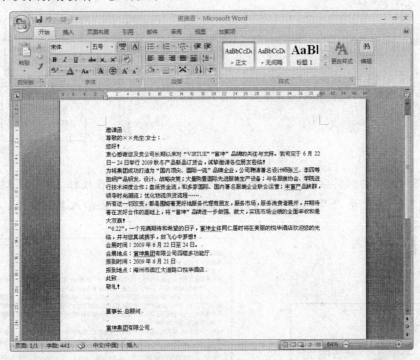

图 2-32　制作的邀请函

步骤1　启动 Word 2007，系统自动新建一文档，光标在文档第一行中闪烁。

步骤2　单击任务栏上的输入法指示器图标，在展开的输入法列表中选择所需输入法，如"微软拼音输入法 2007"，如图 2-33 所示。

步骤3　输入 yaoqinghan，如图 2-34 所示，按空格键或数字 1，输入"邀请函"标题文本，然后按两次【Enter】键确认输入并另起一行。

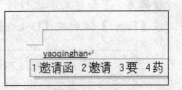

图 2-33　选择输入法　　　　图 2-34　输入标题文本

 提 示

由于"邀请函"字样位于选择框的第一位，所以我们可以通过敲击空格键对其进行选择。

　　在输入文本的过程中，若文字选择框中没有用户所需文本，可按键盘上的【Page Down】键进行翻页查找所需文本。

步骤 4　输入"尊敬的"文本，然后单击"插入"选项卡上"特殊符号"组中的"符号"按钮，在展开的列表中单击"×"号，然后按【F4】键再次输入刚刚输入的符号，如图 2-35 所示。

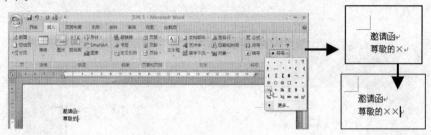

图 2-35　输入特殊符号"×"

步骤 5　继续输入其后的文本，如图 2-36 左图所示，然后在按住【Shift】键的同时按分号键"；"输入冒号"："，按两次【Enter】键。用同样的方法输入其他文本，效果如图 2-36 右图所示。

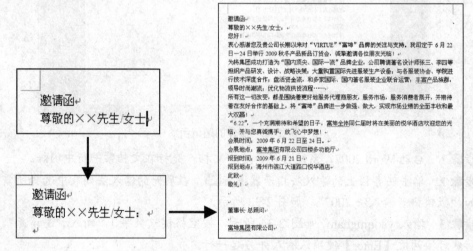

图 2-36　输入其他文本

步骤 6　下面对文本进行修改操作。将插入符置于第 5 行"光"字前面，输入"莅"字。按【Enter】键后按【Delete】键，结果如图 2-37 所示。

图 2-37　修改文本

步骤 7　单击快速访问工具栏上的"保存"按钮，如图 2-38 左图所示，打开"另存为"对话框，在"保存位置"下拉列表中选择文件保存的位置，在"文件名"编辑框中输入文件名称"邀请函"，如图 2-38 右图所示，然后单击"保存"按钮。

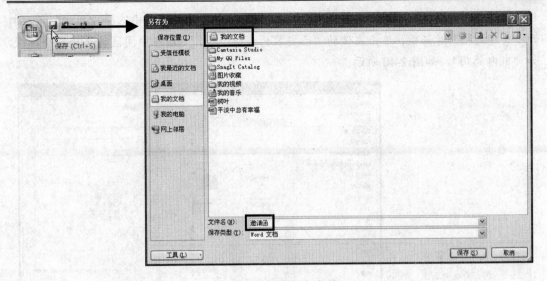

图 2-38　设置保存选项

2.5　上机实践——制作个人简历

下面通过根据模板创建一份如图 2-39 所示的个人简历，来熟悉一下文档的新建、加密保存、关闭和打开操作，步骤如下：

图 2-39　制作的简历文档

步骤 1　启动 Word 2007，单击"Office 按钮"，在展开的列表中选择"新建"项，打开"新建文档"对话框，单击左侧的"已安装的模板"项，然后在中间区域选择一个模板，如"市内简历"，如图 2-40 所示。

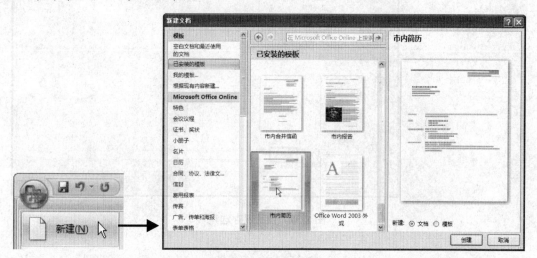

图 2-40　选择所需模板

步骤 2　单击"创建"按钮，快速得到一个按模板创建的文档，如图 2-41 所示。

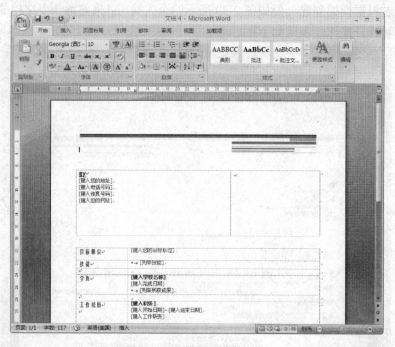

图 2-41　按模板创建的文档

步骤 3　在文档的相应位置填写内容，即可得到一份市内简历文档，如图 2-42 所示。

步骤 4　下面对文档进行加密保存。单击快速访问工具栏上的"保存"按钮，打开"另存为"对话框，设置文档的保存位置和文件名称，然后单击对话框左下角的"工具"按钮，在展开的列表中选择"常规选项"，如图 2-43 所示。

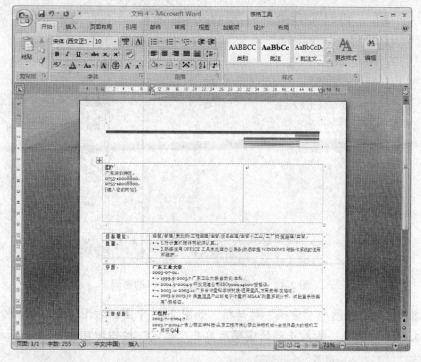

图 2-42　在相应位置填写内容

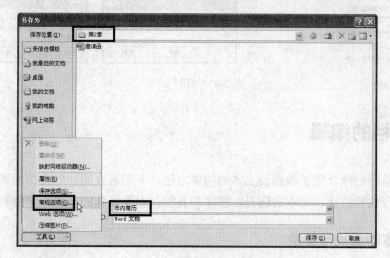

图 2-43　设置保存选项

步骤 5　在打开的"常规选项"对话框的"打开文件时的密码"和"修改文件时的密码"编辑框中输入密码，如 123，（这两个密码可以分别设置，而且密码最好是数字和字母的组合），如图 2-44 所示，单击"确定"按钮后在打开的确认密码对话框中重新输入刚才所设置的密码，确定后返回"另存为"对话框，单击"保存"按钮。

步骤 6　单击"Office 按钮"，在展开的列表中选择"关闭"项关闭该文档。

步骤 7　下面我们来打开刚刚关闭的"市内简历"文档。单击"Office 按钮"，在展开的"最近使用的文档"列表中单击"市内简历"文档名称，如图 2-45 左图所示。

图 2-44　设置打开和修改文件时的密码

步骤8　依次打开两个"密码"对话框，如图 2-45 中图、右图所示，要求输入打开文件和修改文件时的密码，输入正确的密码后单击"确定"按钮即可打开该文档。

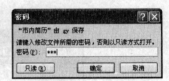

图 2-45　打开文件

2.6　文档的编辑

我们在前面已经介绍了增删改文本的简单方法，下面再介绍一些文档编辑操作，主要包括文本的查找和替换，文本的选择、移动和复制，以及操作的撤销、恢复和重复。

2.6.1　文本的查找与替换

查找与替换是字处理程序中一个非常有用的功能，利用它可以方便地找到特定内容，或者对某些内容进行替换。

1. 文本的查找

如果需要查找文档中的内容，可按如下步骤进行。

步骤 1　在文档中某个位置单击，确定查找的开始位置。如果希望从文档开始位置进行查找，应在文档的开始位置单击，如图 2-46 所示。

步骤 2　单击"开始"选项卡上"编辑"组中的"查找"按钮，如图 2-46 所示。

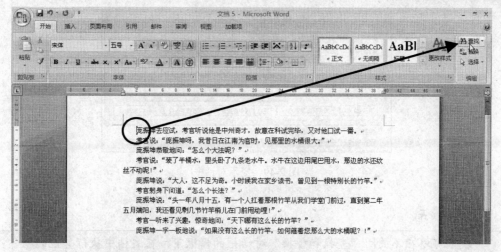

图 2-46　确定插入符后单击"查找"按钮

步骤 3　打开"查找和替换"对话框，在"查找内容"编辑框中输入要查找的内容，如"怎么个"，如图 2-47 所示。

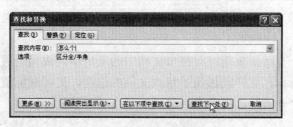

图 2-47　输入查找内容

步骤 4　单击"查找下一处"按钮，系统将从光标所在位置开始查找，然后停在第一次出现文本"怎么个"的位置，查找到的内容会呈蓝色底纹显示，如图 2-48 所示。

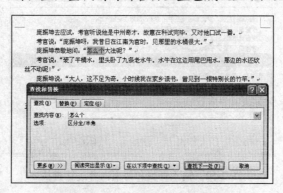

图 2-48　找到第一处文本

步骤 5　继续单击"查找下一处"按钮，系统将继续查找相关的内容，并停在下一个"怎么个"出现的位置。对整篇文档查找完毕后，会出现一个提示对话框，如图 2-49 所示。

步骤 6　单击"确定"按钮，结束查找操作，并返回"查找和替换"对话框，单击"取消"按钮，关闭"查找和替换"对话框。

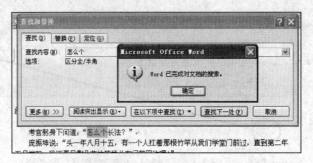

图 2-49　提示对话框

我们可以在不关闭"查找和替换"对话框的情况下，在文档中执行其他的操作。例如，当我们需对个别要替换的文本内容做特别修改时，可利用查找功能找到这些内容后，在文档中对其进行修改，再返回对话框中继续查找下一处内容，省去重新打开"查找和替换"对话框的麻烦。

2. 文本的替换

在编辑文档时，有时需要统一对整个文档中的某一单词或词组进行修改，这时可以使用替换命令来进行操作，这样既加快了修改文档的速度，又可避免重复操作。方法如下：

步骤 1　单击"开始"选项卡上"编辑"组中的"替换"按钮，打开"查找和替换"对话框。

步骤 2　在"查找内容"编辑框中输入要查找的内容，如"怎么个"，在"替换为"编辑框中输入替换为的内容，如"咋个"。单击"替换"或"查找下一处"按钮，系统将自插入符开始查找，然后停在第一次出现文本"怎么个"的位置，文本以蓝色底纹显示，如图 2-50 所示。

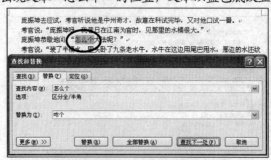

图 2-50　输入查找和替换内容进行查找

步骤 3　单击"替换"按钮，以蓝色底纹显示的"怎么个"将被替换成"咋个"，同时，下一个要被替换的内容以蓝色底纹显示，如图 2-51 所示。

步骤 4　单击"查找下一处"按钮，以蓝色底纹显示的内容不被替换，系统也将继续查找，并停在下一个出现"怎么个"文本的位置。单击"全部替换"按钮，文档中的全部"怎么个"都被替换为"咋个"。替换完成后，在显示的提示对话框中单击"确定"按钮，如图 2-52 所示，返回"查找和替换"对话框，单击"关闭"按钮退出。

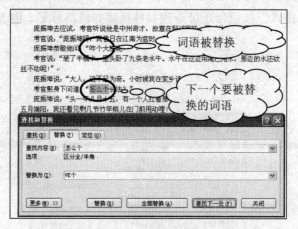

图 2-51　替换内容

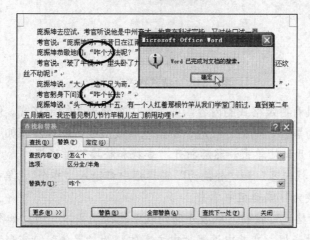

图 2-52　确定替换操作

3. 文本的高级查找与替换

单击"查找和替换"对话框中的"更多"按钮，对话框将展开高级搜索与替换选项，如图 2-53 所示。

如选中"区分大小写"复选框，可在查找和替换内容时区分英文大小写。

通过选中"使用通配符"复选框，可在查找和替换时使用"?"和"*"通配符，其中，"?"代表单个字符，"*"代表任意字符串。例如，要查找"爱国"、"爱情"、"爱戴"等文本，可在"查找内容"编辑框中输入"爱?"；如果输入"爱*"，则可查找所有带有"爱"的句子和段落。需要注意的是，通配符需使用半角符号，即在英文输入法或半角符号状态下输入的符号。

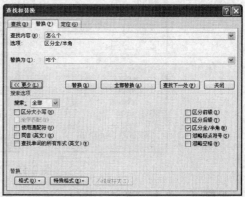

图 2-53　高级查找与替换选项

通过单击"特殊格式"按钮，还可查找和替换诸如段落标记、制表符等特殊标记，如图 2-54 所示。

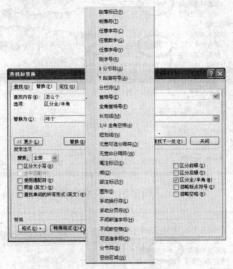

图 2-54 "特殊格式"列表

用户还可查找具有特定格式的内容，或者将内容替换为特定格式。例如，希望将文中"咋个"二字替换为黑体、加粗、红色、带紫色双波浪线，操作步骤如下：

步骤 1 在文档开始处单击，然后打开"查找和替换"对话框。

步骤 2 在"查找内容"和"替换为"编辑框中都输入"咋个"，单击"更多"按钮展开对话框，在"替换为"编辑框中单击。

步骤 3 单击"格式"按钮，从展开的列表中选择"字体"项，如图 2-55 左图所示，打开"替换字体"对话框，在其中设置"中文字体"为"黑体"，"字形"为"加粗"，"字体颜色"为红色，"下划线线型"为双波浪线，下划线颜色为"紫色"，如图 2-55 右图所示。

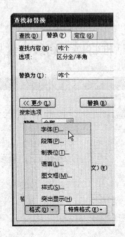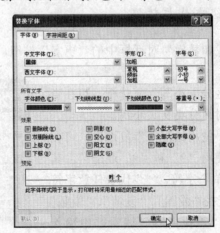

图 2-55 设置替换格式

步骤 4 单击"确定"按钮，返回"查找和替换"对话框。单击"全部替换"按钮，在弹出的提示对话框中单击"确定"按钮，然后单击"关闭"按钮关闭"查找与替换"对话框，结果如图 2-56 所示。

> 庞振坤去应试，考官听说他是中州奇才，故意在科试完毕，又对他口试一番。
> 考官说："庞振坤呀，我昔日在江南为官时，见那里的水桶很大。"
> 庞振坤恭敬地问："咋个大法呢？"
> 考官说："装了半桶水，里头卧了九条老水牛。水牛在这边用尾巴甩水，那边的水还纹丝不动呢！"
> 庞振坤说："大人，这不足为奇。小时候我在家乡读书，曾见到一根特别长的竹竿。"
> 考官躬身下问道："咋个长法？"
> 庞振坤说："头一年八月十五，有一个人扛着那根竹竿从我们学堂门前过，直到第二年五月端阳，我还看见剩几节竹竿梢儿在门前甩动哩！"

图 2-56　替换完毕画面

2.6.2　文本的选择

要编辑或修改文本内容，必须首先选中这些文本。选择文本可以使用鼠标，也可以使用键盘，还可以是鼠标和键盘配合使用。主要方法如表 2-1 所示。

表 2-1　选择文本的主要方法

要选中的文本	操作方法
任意区域	将鼠标指针移至要选择区域开始位置，按住鼠标左键并拖动鼠标至区域结束位置释放鼠标，这是最常用的文本选择方法，如图 2-57 上图所示
一个词组	将鼠标指针移至该词组上方，双击鼠标
一个句子	按住【Ctrl】键的同时，在该句子中任意位置单击鼠标
一行中光标左侧的文本	按【Shift+Home】组合键
一行中光标右侧的文本	按【Shift+End】组合键
一整行文本	将鼠标指针移到该行的最左侧，当指针变为"⏶"后单击鼠标左键
连续多行文本	将鼠标指针移到要选择的文本首行最左侧，当指针变为"⏶"后按下鼠标左键，然后向上或向下拖动鼠标
一个段落	将鼠标指针移到段落任何一行的最左侧，当指针变为"⏶"后双击鼠标左键，如图 2-57 左下图所示；在段落内的任意位置连击三次鼠标左键
多个段落	将鼠标指针移到段落任何一行的最左端，当指针变为"⏶"后按住鼠标左键并向上或向下拖动鼠标
选中一矩形文本区域	将鼠标的 I 形指针置于文本的一角，然后按住【Alt】键，拖动鼠标到文本块的对角，即可选定一块文本，如图 2-57 右下图所示
整篇文档	在"开始"选项卡的"编辑"组中单击"选择"按钮，在展开的列表中单击"全选"按钮 全选(A)；按【Ctrl+A】组合键；将鼠标指针移到文档任意一行的左侧，当指针变为"⏶"后连击三次鼠标左键

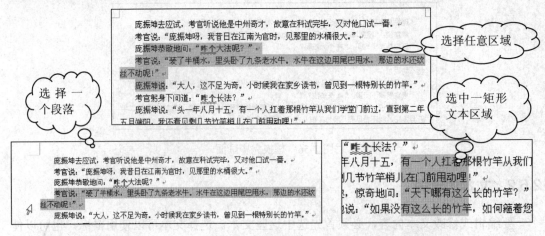

图 2-57　选择任意区域

若要取消选中的文本，可用鼠标单击文档内任意位置。

2.6.3　文本的移动与复制

移动与复制文本也是文档编辑时常用的操作。例如，当相同的文本内容需要在文档中多次出现，我们只需输入一次该内容，然后将其复制到目标位置。对放置不当的文本可使用移动操作进行位置调整。

1. 拖动鼠标移动或复制文本

在同一个文档中进行短距离的复制或移动操作时，经常使用拖动方法。即先选中所需文本，然后按住鼠标左键不放，将其拖动到目标位置，最后释放鼠标。若在拖动的过程中按住【Ctrl】键，则表示复制操作，否则为移动操作。具体操作方法如下：

步骤 1　选中要移动的文本或段落，将鼠标指针移至其上方，此时，鼠标指针显示为形状，如图 2-58 左图所示。

步骤 2　按住鼠标左键并拖动，此时，分别以 ┃ 标识目标位置，以 标识移动动作，如图 2-58 右图所示。

图 2-58　选择要移动的文本进行移动

步骤 3　释放鼠标，段落文本被移动到了目标位置，如图 2-59 所示。

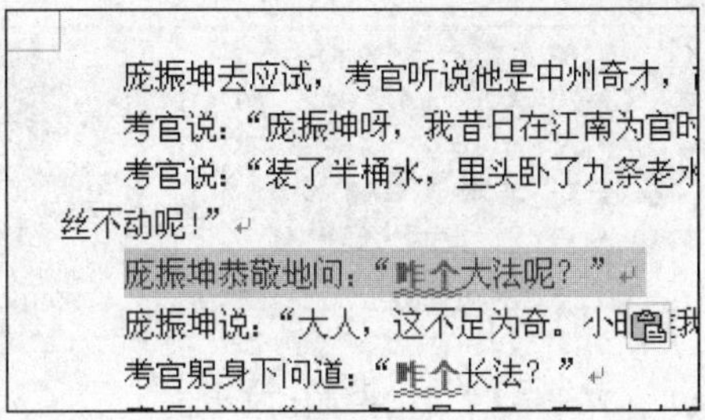

庞振坤去应试，考官听说他是中州奇才，
考官说："庞振坤呀，我昔日在江南为官时
考官说："装了半桶水，里头卧了九条老水
丝不动呢！"
庞振坤恭敬地问："咋个大法呢？"
庞振坤说："大人，这不足为奇。小时我
考官躬身下问道："咋个长法？"

图 2-59　移动文本

步骤 4　若在拖动鼠标的同时按住【Ctrl】键，此时鼠标指针变为 形状，表示正在执行的是复制操作，如图 2-60 左图所示。释放鼠标，文本被复制到了目标位置，如图 2-60 右图所示。

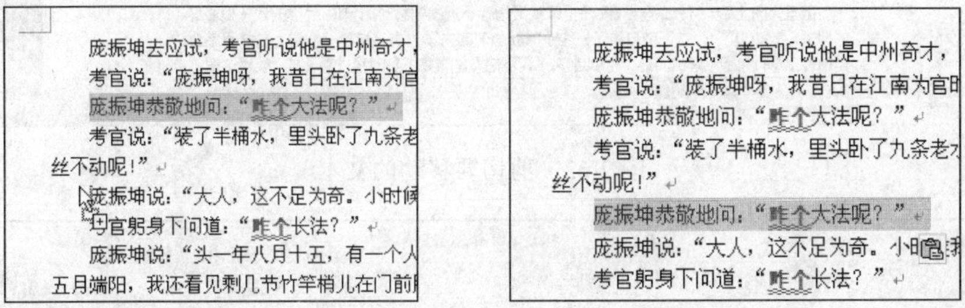

庞振坤去应试，考官听说他是中州奇才，
考官说："庞振坤呀，我昔日在江南为官时
庞振坤恭敬地问："咋个大法呢？"
考官说："装了半桶水，里头卧了九条老水
丝不动呢！"
庞振坤说："大人，这不足为奇。小时候
官躬身下问道："咋个长法？"
庞振坤说："头一年八月十五，有一个人
五月端阳，我还看见剩几节竹竿梢儿在门前

庞振坤去应试，考官听说他是中州奇才，
考官说："庞振坤呀，我昔日在江南为官时
庞振坤恭敬地问："咋个大法呢？"
考官说："装了半桶水，里头卧了九条老水
丝不动呢！"
庞振坤恭敬地问："咋个大法呢？"
庞振坤说："大人，这不足为奇。小时我
考官躬身下问道："咋个长法？"

图 2-60　复制文本

在将文本内容移动或复制到目标位置后，在该内容的右下方通常会显示一个"粘贴选项"标记 ，单击该标记，可在弹出的列表中选择粘贴的方式，如图 2-61 所示。

粘贴选项

图 2-61　粘贴选项标记

2. 利用剪贴板移动或复制文本

若要移动或复制文本的原位置与目标位置距离较远，或不在同一个文档中，我们可以使用剪贴板移动或复制文本，操作步骤如下：

步骤 1　选中要移动的文本，单击"开始"选项卡"剪贴板"组中的"剪切"按钮 或按【Ctrl+X】组合键，如图 2-62 所示；若要执行复制操作，则单击"复制"按钮 或按【Ctrl+C】组合键，此时所选内容被移动或复制到剪贴板。

步骤 2　将光标移至目标位置，单击"粘贴"按钮，如图 2-63 所示，即可完成文本的移动或复制操作。

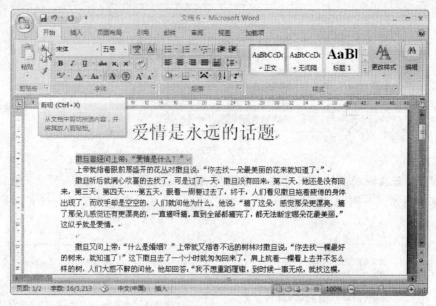

图 2-62　剪切要移动的文本

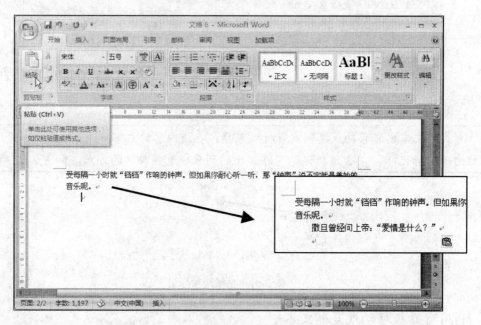

图 2-63　利用剪贴板移动或复制文本

　　剪贴板是文档进行信息传送的中间媒介。一般情况下，Word 2007 的剪贴板中保存了 24 条最近剪切或复制的内容项目，利用"剪贴板"任务窗格，我们可以方便地进行多项内容复制操作，操作方法如下。

　　步骤 1　单击"剪贴板"组右下角的对话框启动器，打开"剪贴板"任务窗格，如图 2-64 所示。

　　步骤 2　将鼠标指针移至要粘贴内容的上方，单击鼠标可将其粘贴至当前光标位置；若单击其右侧的三角按钮或右击鼠标，在弹出的列表中可选择所需的操作。

步骤 3　单击"全部粘贴"或"全部清空"按钮，可将剪贴板中的全部内容粘贴至当前光标位置或将其全部清除。

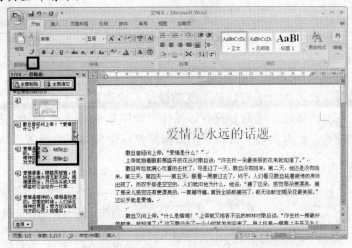

图 2-64　剪贴板的操作

2.6.4　操作的撤销、恢复与重复

在编辑文档的过程中，难免不出现错误的操作，此时，我们可以使用 Word 提供的撤销和恢复操作功能弥补损失。另外，我们还可以使用重复操作功能重复执行最近一次操作，从而省去了许多烦琐的操作过程。

1. 撤销与恢复操作

Word 会自动记录用户执行的每一步操作。当执行了错误的操作后，我们可以通过单击快速访问工具栏上的"撤销"按钮或按【Ctrl+Z】组合键，撤销上一步操作。若要撤销多步操作，可连续单击"撤销"按钮，或单击"撤销"按钮右侧的三角按钮，在打开的列表中选择要撤销的操作，如图 2-65 左图所示。

执行完撤销操作后，如果又想恢复被撤销的操作，此时可以单击"撤销"按钮右侧的"恢复"按钮或按【Ctrl+Y】组合键，恢复刚刚撤销的操作。同样地，要恢复多步被撤销的操作，可重复单击快速访问工具栏上的"恢复"按钮，如图 2-65 右图所示。

图 2-65　撤销与恢复操作

提 示

> 若在执行撤销操作后又执行了其他操作，则被撤销的操作将无法恢复。

2. 重复操作

若用户在编辑文档时执行了可以被重复的操作，快速访问工具栏中的"重复"按钮 ↺ 就会显示出来。单击该按钮，可重复执行该操作，如图 2-66 所示。例如，我们已在文档中插入了一个特殊符号，要再次插入该符号，只需将光标定位在目标位置，然后单击"重复"按钮 ↺ 即可。

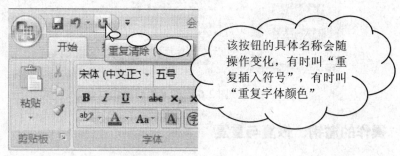

该按钮的具体名称会随操作变化，有时叫"重复插入符号"，有时叫"重复字体颜色"

图 2-66　撤销操作

 提 示

> 值得注意的是，有时需要先选中文档中的内容，再执行重复操作。

2.7　上机实践——制作剃须刀说明书

下面我们对从网上复制的一份剃须刀使用说明，进行高级查找和替换操作，即将文档中的软回车符↓替换成硬回车符 ↵，然后将段前多余的圆圈"。"去掉，效果如图 2-67 所示，操作步骤如下：

步骤 1　打开素材文件（素材与实例\第 2 章\剃须刀说明书 1），这是一篇从网上复制的文档，如图 2-68 所示，即每一段的后面都有一个软回车符↓。

步骤 2　单击"开始"选项卡上"编辑"组中的"替换"按钮，打开"查找和替换"对话框。

步骤 3　单击"更多"按钮展开对话框，在"查找内容"编辑框中单击，然后单击"特殊格式"按钮，在展开的列表中单击"手动换行符"，如图 2-69 左图所示。

 提 示

> 按【Enter】键生成的叫硬回车，即段落标记，用于分段；按【Shift+Enter】组合键生成的叫软回车，即手动换行符，只作分行处理。

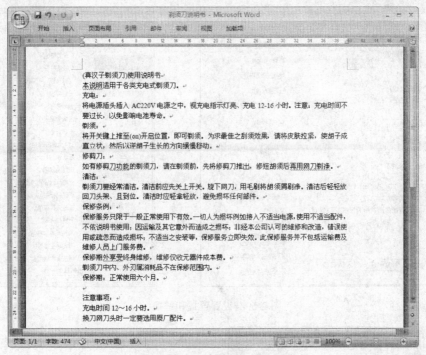

图 2-67 制作的剃须刀说明书

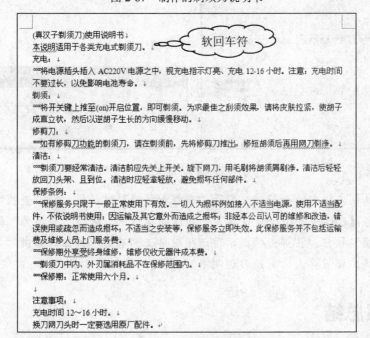

图 2-68 从网上复制的文本

步骤 4 在"替换为"编辑框中单击，然后单击"特殊格式"按钮，在展开的列表中单击"段落标记"，如图 2-69 右图所示。

步骤 5 单击"全部替换"按钮，如图 2-70 左图所示，弹出完成操作提示对话框，如图 2-70 右图所示，单击"确定"按钮。

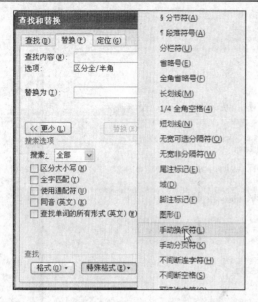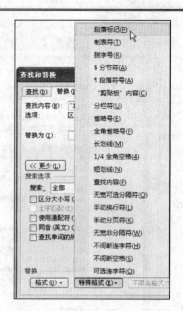

图 2-69　设置查找和替换

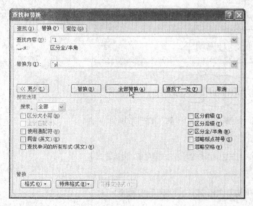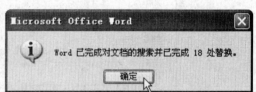

图 2-70　确认替换操作

步骤 6　复制文档中的∞∞符号，打开"查找和替换"对话框，在"查找内容"编辑框中单击鼠标，按【Ctrl+V】组合键将其复制到该编辑框中，保持"替换为"编辑框为空，单击"全部替换"按钮，在弹出的提示对话框中单击"确定"按钮，单击"关闭"按钮关闭该对话框，将文档另存为"剃须刀说明书"，最终结果如图 2-67 所示。

2.8　学习总结

本章主要介绍了文本输入方法；文本的编辑；文档的保存、加密、关闭、打开和新建操作，其中文档的编辑内容包括文本的输入与增、删、改，文本的选择、移动与复制，文本的查找与替换，操作的撤销、恢复与重复。这些均是文本编辑时最常用的一些操作，熟练掌握这些操作会大大提高文档编辑的效率。本章的 3 个上机实践为本章知识点的典型应用，起到加深、巩固本章所学的知识。

2.9 思考与练习

一、填空题

1. 默认情况下，输入法的输入状态为_____状态，即在任务栏的语言栏上显示一键盘图标▦。

2. 按_____组合键，可在各个输入法之间进行切换。

3. 若要输入全大写的英文字母，可按下键盘上的_____键，然后再敲击字母键。

4. 文档编辑操作主要包括文本的_____，文本的选择、删除、_____。

二、简述题

1. 如何输入中文？如何在文档中添加特殊符号？

2. 如何保存与打开文档？

3. 简述在文档中选定内容的类型和方法。

三、操作题

1. 根据模板新建一"平衡简历"文档，将其命名为"我的简历"，保存在"我的文档"文件夹中。

2. 打开"我的简历"文档，然后根据文档中的提示填写相应的内容，将其加密另存。

第3章
基本格式编排

本章内容提要

章前导读

为文档设置必要的格式，可以使文档版面更加美观，更便于读者阅读和理解文档的内容。本章主要介绍文档的字符格式和段落格式设置，以及页面设置和打印输出等知识。

3.1 设置字符格式

在 Word 中，字符是指作为文本输入的汉字、字母、数字、标点符号以及特殊符号等。字符是文档格式化的最小单位。设置字符格式便决定了字符在屏幕上显示和打印时的形式。字符格式包括字体、字号、形状、颜色，以及特殊的阴影、阴文、阳文、动态等修饰效果。

3.1.1 设置文字的字体、字号、字形、颜色与效果

默认情况下，在 Word 文档中输入的文本格式为宋体、五号字。要设置字符格式，应首先选中文本，然后再利用浮动工具栏或"开始"选项卡"字体"组中的工具进行设置；若要进行更为详细的设置，可在"字体"对话框中进行。

1. 设置文字的字体、字号

下面我们利用"字体"组中的按钮来设置文档的字体、字号，方法如下：

步骤1 选择要设置字体和字号的文字，如图 3-1 所示。

图 3-1 选择文本

步骤 2 单击"开始"选项卡上"字体"组中"字体"下拉列表框 宋体(中文正)· 右侧的三角按钮，在展开的字体列表中选择一种字体，如"方正剪纸简体"；单击"字号"下拉列表框 五号 右侧的三角按钮，在展开的字号列表中选择一种字号，如"二号"，结果如图 3-2 右图所示。

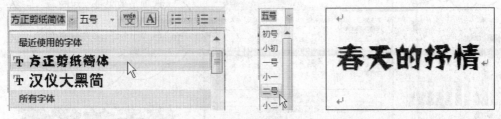

图 3-2 利用"字体"组中的按钮设置文字的字体和字号

　　Word 2007 中提供了"选择前预览"功能，让用户在做出选择时就可以实时预览到结果。即用户将鼠标指针移至某个字体选项上时，文档中所选字符将实时显示该字体效果，非常方便。

　　字号的表示方法有两种：一种以"号"为单位，如初号、一号、二号……，数值越大，字号就越小；另一种以"磅"为单位，如 10、10.5、15……数值越大，字号也越大。

2. 设置文字的字形、字体颜色和效果

　　在 Word 中，可以通过给文字增添一些附加属性来改变文字的形状。改变文字的形状就是指使文字变为粗体、斜体等以强调效果或修饰文字，添加阴影、空心、阴文、阳文、下划线、删除线、上标、下标、底纹、方框等显示特殊效果。通过将一个词、一个短语或一段文字设为强调效果或特殊效果，可以使其更加突出和引人注目。

　　下面我们通过"字体"对话框来设置文字的字形、颜色和对文字进行修饰。

　　步骤 1 选择要设置字符效果的文字，如图 3-3 所示。

春天的抒情

图 3-3 选择文本

　　步骤 2 单击"开始"选项卡上"字体"组右下角的对话框启动器按钮 ，打开"字体"对话框，在"字形"设置区中选择一种字形，如"倾斜"；在"字体颜色"列表中选择一种字体颜色，如"绿色"；在"效果"列表中选中相应的复选框，如"阳文"，如图 3-4

中图所示。单击"确定"按钮后效果如图 3-4 右图所示。

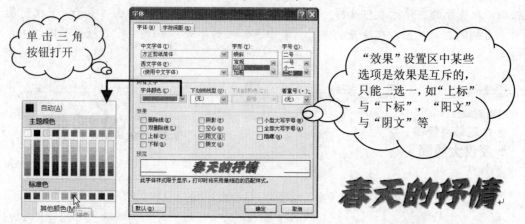

图 3-4 利用"字体"对话框设置文字的字形、字体颜色和效果

 提 示

在"中文字体"下拉列表中可设置中文字体；在"西文字体"下拉列表中可设置文档中英文字母是使用中文字体还是西文字体，设置效果在对话框下方的"预览"框中可看到。

3.1.2 调整文字的水平间距和垂直位置

利用"字体"对话框的"字符间距"选项卡，可以调整文档中文字的水平间距和垂直位置。

1. 设置文字的水平间距

默认情况下，文字的间距为"标准"间距。用户可以根据需要来调整文字的间距，其操作步骤如下。

步骤 1 选中要调整间距的文字，如图 3-5 所示。

图 3-5 选中要调整间距的文字

步骤 2 打开"字体"对话框，切换到"字符间距"选项卡，在"间距"下拉列表框中选择一种间距调整方式，例如"加宽"，在"磅值"编辑框中输入需要加宽的磅值或单击右侧的微调按钮进行调整，如图 3-6 左图所示，单击"确定"按钮，效果如图 3-6 右图所示。

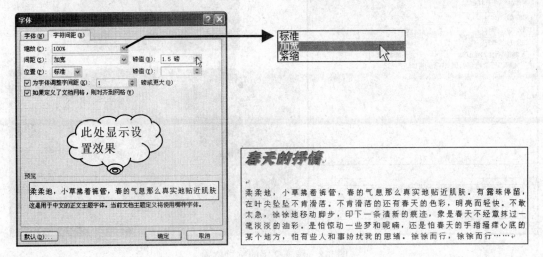

图 3-6　设置文字的水平间距

2. 设置文字的垂直位置

文字在文档中的位置通常都在一条水平的基准线上对齐。有时为了制作出一些比较特别的效果，需要调整文字在垂直方向上的位置，此时可按如下步骤进行。

步骤 1　选中需要改变垂直位置的文字，如图 3-7 所示。

图 3-7　选择要调整位置的文字

步骤 2　打开"字体"对话框，切换到"字符间距"选项卡，在"位置"下拉列表中选择一种调整位置的方式，如"提升"，然后在其后的"磅值"编辑框中输入磅值数或单击右侧的微调按钮进行微调，如图 3-8 左图所示，单击"确定"按钮，得到效果，如图 3-8 右上图所示。用同样的方法可调整其他文字在垂直方向上的位置，效果如图 3-8 右下图所示。

 提　示

在"字符间距"选项卡的"缩放"下拉列表框中选择适当比例，可按文字当前尺寸的百分比横向扩展或压缩文字，也即制作通常所说的瘦高字和矮胖字。

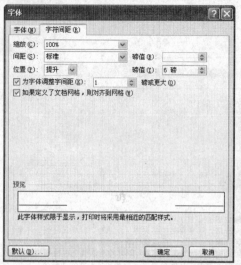

图 3-8　设置文字的垂直位置

3.2　设置段落格式

段落格式是以段落为单位的格式设置。因此，要设置段落格式，可直接将光标定位在目标段落中；若要同时为多个段落设置格式，则应首先选定这些段落，然后再进行段落格式设置。

3.2.1　设置段落的对齐方式

段落的对齐方式有五种，分别是：文本左对齐、居中、文本右对齐、两端对齐和分散对齐。

默认情况下，输入的文本段落呈两端对齐。我们可以通过单击"开始"选项卡"段落"组中的五个对齐方式按钮，或在"段落"对话框中设置段落的对齐方式，如图 3-9 所示。

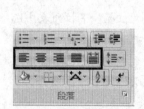
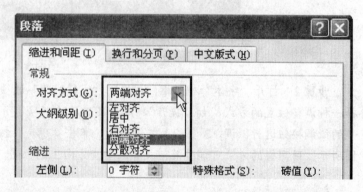

图 3-9　功能区中的对齐按钮以及对话框中的对齐方式选项

图 3-10 显示了各种对齐方式的效果。

文本左对齐	柔柔地，小草拂着裤管，春的气息那么真实地贴近肌肤。不肯滑落的还有春天的色彩，明亮而轻快。不敢太急，徐徐地移动脚步……
居中对齐	柔柔地，小草拂着裤管，春的气息那么真实地贴近肌肤。不肯滑落的还有春天的色彩，明亮而轻快。不敢太急，徐徐地移动脚步……
文本右对齐	柔柔地，小草拂着裤管，春的气息那么真实地贴近肌肤。不肯滑落的还有春天的色彩，明亮而轻快。不敢太急，徐徐地移动脚步……
分散对齐	柔柔地，小草拂着裤管，春的气息那么真实地贴近肌肤。不肯滑落的还有春天的色彩，明 亮 而 轻 快 。 不 敢 太 急 ， 徐 徐 地 移 动 脚 步 ……

图 3-10 段落的对齐效果

3.2.2 设置段落的首行缩进与悬挂缩进

在编辑文章时，为了使版面美观，还需要设置段落缩进。

段落缩进是指段落相对左右页边距向页内缩进一段距离。例如，一般情况下，段落的第一行要比其他行缩进两个字符。设置段落缩进可以使段落层次更加清晰和有条理，方便阅读。段落缩进方式包括左缩进、右缩进、首行缩进和悬挂缩进。

要设置段落缩进，既可以使用标尺上的按钮，也可以使用"段落"对话框。

1. 使用标尺上的按扭

在 Word 中，用户可利用标尺方便地设置段落首行缩进、左缩进、悬挂缩进和右缩进等。首先单击垂直滚动条上方的"标尺"按钮，显示标尺，此时在水平标尺的左侧出现首行缩进、悬挂缩进和左缩进按钮，在水平标尺的右侧出现右缩进按钮，如图 3-11 所示，然后拖动标尺上的缩进按钮即可。

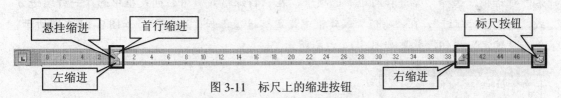

图 3-11 标尺上的缩进按钮

> **左（右）缩进**：整个段落中所有行的左（右）边界向右（左）缩进。左缩进和右缩进合用可产生嵌套段落，通常用于设置引用文字的格式。
> **首行缩进**：段落的首行文字相对于其他行向内缩进。
> **悬挂缩进**：段落中除首行外的所有行向内缩进。

图 3-12 所示是这几种缩进的效果。

 提 示

左缩进和悬挂缩进标记是不能分开的，但拖动不同的标记会有不同的效果。左缩进会影响整个段落，而悬挂缩进则只影响段落中除第一行外的其他行左侧的起始位置。

此外，每单击一次"开始"选项卡上"段落"组中的"减少缩进量"按钮或"增加缩进量"按钮，可使所选段落的左缩进减少或增加一个汉字的缩进量。

首行缩进	柔柔地，小草拂着裤管，春的气息那么真实地贴近肌肤。不肯滑落的还有春天的色彩，明亮而轻快。不敢太急，徐徐地移动脚步，印下一条清新的痕迹……
悬挂缩进	柔柔地，小草拂着裤管，春的气息那么真实地贴近肌肤。不肯滑落的还有春天的色彩，明亮而轻快。不敢太急，徐徐地移动脚步，印下一条清新的痕迹……
左缩进	柔柔地，小草拂着裤管，春的气息那么真实地贴近肌肤。不肯滑落的还有春天的色彩，明亮而轻快。不敢太急，徐徐地移动脚步，印下一条清新的痕迹……
右缩进	柔柔地，小草拂着裤管，春的气息那么真实地贴近肌肤。不肯滑落的还有春天的色彩，明亮而轻快。不敢太急，徐徐地移动脚步，印下一条清新的痕迹……

图 3-12　缩进效果

2. 使用"段落"对话框

利用"段落"对话框，可对段落缩进方式进行更精确的设置。操作步骤如下：

步骤 1　将插入符置于需要设置段落缩进的段落中，如图 3-13 所示。

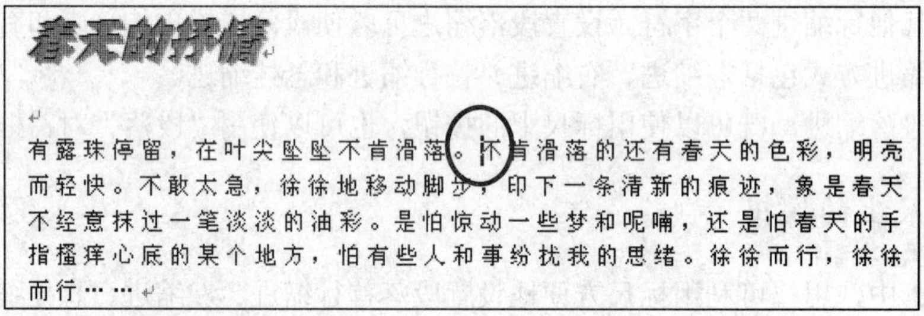

图 3-13　定位插入符

步骤 2　单击"开始"选项卡上"段落"组右下角的对话框启动器按钮，打开"段落"对话框，选择"缩进和间距"选项卡，在"特殊格式"下拉列表框中选择一种缩进方式，如"首行缩进"，在"磅值"编辑框中指定缩进值，如"2 字符"，如图 3-14 左图所示。单击"确定"按钮，效果如图 3-14 右图所示。

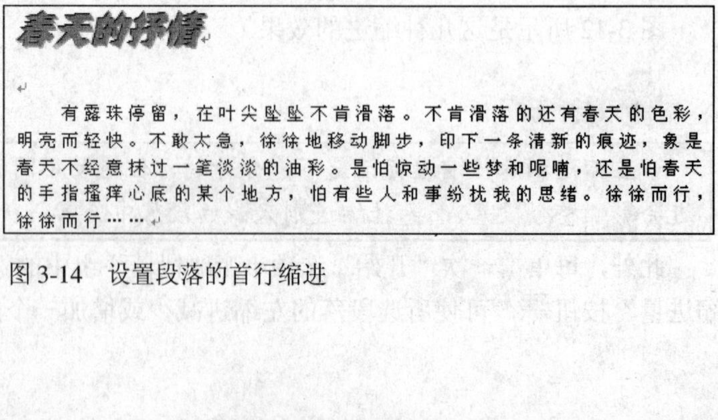

图 3-14　设置段落的首行缩进

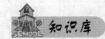

在"缩进"选项区的"左侧"编辑框中可以设置段落的左页边距。输入一个正值表示向右缩进，输入一个负值表示向左缩进。

在"缩进"选项区的"右侧"编辑框中可以设置段落的右页边距。输入一个正值表示向左缩进，输入一个负值表示向右缩进。

3.2.3　设置段间距与行间距

段间距是指两个相邻段落之间的距离，行间距则是指行与行之间的距离。用户可以根据需要调整文本的段间距和行间距。

1．设置段间距

设置段间距的最简单方法是在段落间按【Enter】键来加入空白行。但这种方法不能精确地设置段间距，并且增加的空行会随段落中字号的增大而增大。为解决上述问题，我们可通过调整段前、段后空白距离的方式设置段落的段间距。

选中段落后，我们可在"页面布局"选项卡"段落"组中"间距"设置区中的"段前"或"段后"编辑框中设置段间距。也可通过"段落"对话框设置段落间距。

要设置段间距，操作步骤如下：

步骤 1　选中要设置段间距的段落，如图 3-15 所示。

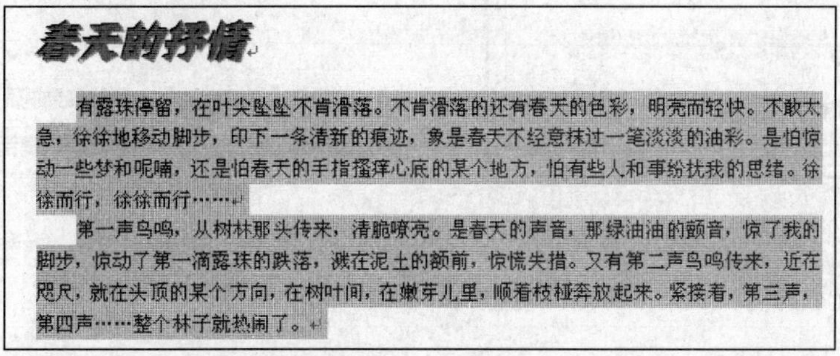

春天的抒情

有露珠停留，在叶尖坠坠不肯滑落。不肯滑落的还有春天的色彩，明亮而轻快。不敢太急，徐徐地移动脚步，印下一条清新的痕迹，象是春天不经意抹过一笔淡淡的油彩。是怕惊动一些梦和呢喃，还是怕春天的手指揉痒心底的某个地方，怕有些人和事纷扰我的思绪。徐徐而行，徐徐而行……

第一声鸟鸣，从树林那头传来，清脆嘹亮。是春天的声音，那绿油油的颜音，惊了我的脚步，惊动了第一滴露珠的跌落，溅在泥土的额前，惊慌失措。又有第二声鸟鸣传来，近在咫尺，就在头顶的某个方向，在树叶间，在嫩芽儿里，顺着枝桠奔放起来。紧接着，第三声，第四声……整个林子就热闹了。

图 3-15　选取要调整段间距的段落

步骤 2　单击"页面布局"选项卡，在"段落"组中"间距"设置区的"段前"和"段后"编辑框中分别设置数值或单击右侧的微调按钮进行微调，如图 3-16 左图所示，结果如图 3-16 右图所示。

2．设置行间距

默认情况下，Word 中文本的行距为"单倍行距"。当文本的字体或字号发生变化，Word 会自动调整行距，也就是说，当汉字的字号增加时，行距也随之增大。若将行间距设置为"固定值"，则字号增大时，行距始终保持不变，则内容会显示不完整。为了让文档更加美观，用户在实际操作中可根据需要在"段落"对话框或单击"开始"选项卡上"段落"组中"行距"按钮，然后在展开的下拉列表中选择适当的选项来调整行距，如图3-17所示。

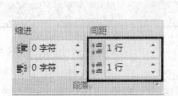
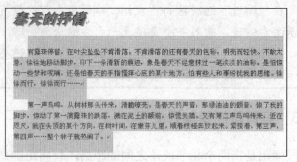

图3-16　设置段间距

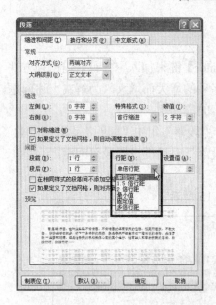
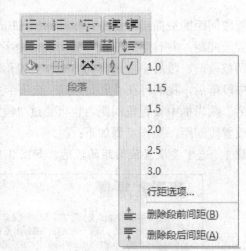

图3-17　调整行距选项

图3-18所示为行间距由"1.0"调整为"1.5"后效果。

图3-18　调整行间距

3.3　上机实践——为抒情散文设置格式

学习了字符格式和段落格式的设置方法，下面我们为抒情散文——"梧桐树下的秋天"设置格式。将文档的标题设置为小一号，华文行楷，字体颜色为浅蓝，正文段落首行缩进 2 个字符，字体为汉仪家书简，字号为小四，段前和段后各为 0.5 行的间距，行间距为 15 磅的固定值，效果如图 3-19 所示。操作步骤如下：

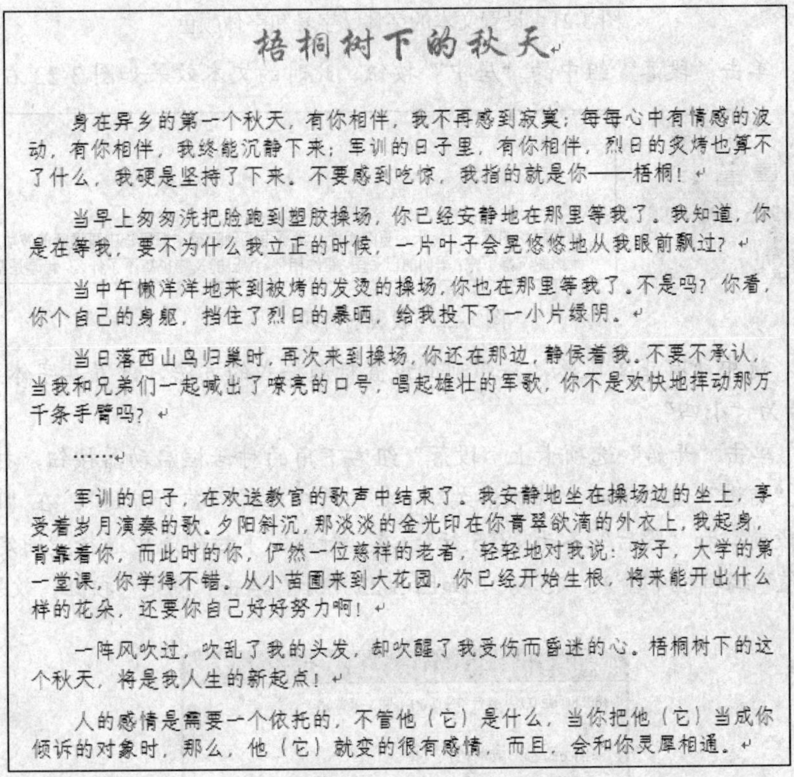

梧桐树下的秋天

身在异乡的第一个秋天，有你相伴，我不再感到寂寞；每每心中有情感的波动，有你相伴，我终能沉静下来；军训的日子里，有你相伴，烈日的炙烤也算不了什么，我硬是坚持了下来。不要感到吃惊，我指的就是你——梧桐！

当早上匆匆洗把脸跑到塑胶操场，你已经安静地在那里等我了。我知道，你是在等我，要不为什么我立正的时候，一片叶子会晃悠悠地从我眼前飘过？

当中午懒洋洋地来到被烤的发烫的操场，你也在那里等我了。不是吗？你看，你个自己的身躯，挡住了烈日的暴晒，给我投下了一小片绿阴。

当日落西山鸟归巢时，再次来到操场，你还在那边，静候着我。不要不承认，当我和兄弟们一起喊出了嘹亮的口号，唱起雄壮的军歌，你不是欢快地挥动那万千条手臂吗？

……

军训的日子，在欢送教官的歌声中结束了。我安静地坐在操场边的坐上，享受着岁月演奏的歌。夕阳斜沉，那淡淡的金光印在你青翠欲滴的外衣上，我起身，背靠着你，而此时的你，俨然一位慈祥的老者，轻轻地对我说：孩子，大学的第一堂课，你学得不错。从小苗圃来到大花园，你已经开始生根，将来能开出什么样的花朵，还要你自己好好努力啊！

一阵风吹过，吹乱了我的头发，却吹醒了我受伤而昏迷的心。梧桐树下的这个秋天，将是我人生的新起点！

人的感情是需要一个依托的，不管他（它）是什么，当你把他（它）当成你倾诉的对象时，那么，他（它）就变的很有感情，而且，会和你灵犀相通。

图 3-19　设置格式后的效果文档

步骤 1　打开素材文档"素材与实例" > "第 3 章" > "梧桐树下的秋天 1"，然后选中要设置字符格式的标题文本，如图 3-20 所示。

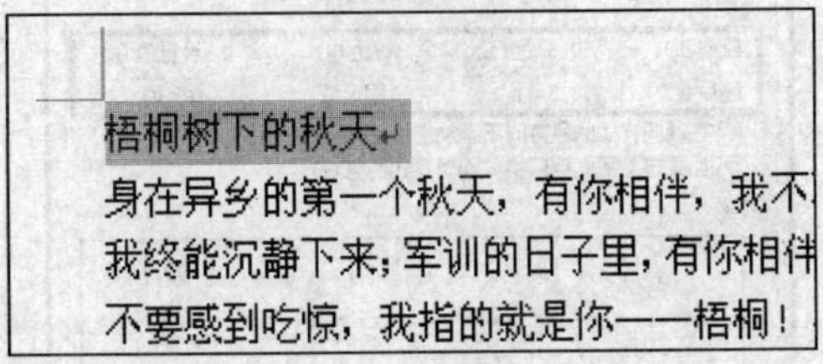

梧桐树下的秋天
身在异乡的第一个秋天，有你相伴，我不
我终能沉静下来；军训的日子里，有你相伴
不要感到吃惊，我指的就是你——梧桐！

图 3-20　选择要设置格式的文本

步骤 2　在"开始"选项卡的"字体"下拉列表中选择"华文行楷"，在"字号"下拉列表中选择"小一"，在"字体颜色"下拉列表中选择"浅蓝"，如图 3-21 所示。

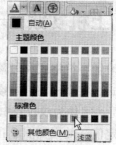

图 3-21　设置文本的字体、字号和字体颜色

步骤 3　单击"段落"组中的"居中"按钮，此时的文本效果如图 3-22 右图所示。

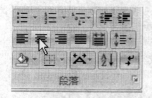

梧桐树下的秋天

身在异乡的第一个秋天，有你相伴，我不再感到寂寞，每每心中有情感的波动，有你相伴，我终能沉静下来；军训的日子里，有你相伴，烈日的炙烤也算不了什么，我硬是坚持了下来。

图 3-22　设置对齐项

步骤 4　选中所有正文段落，按照前面设置标题格式的方法，设置其字体为"汉仪家书简"，字号为"小四"。

步骤 5　单击"开始"选项卡上"段落"组右下角的对话框启动器按钮，打开"段落"对话框。在"缩进"设置区的"特殊格式"下拉列表中选择"首行缩进"；在"间距"设置区中设置"段前"和"段后"各为"0.5 行"；在"行距"下拉列表中选择"固定值"，在其后的"设置值"编辑框中输入"15 磅"，如图 3-23 所示，单击"确定"按钮，效果如图 3-19 所示。

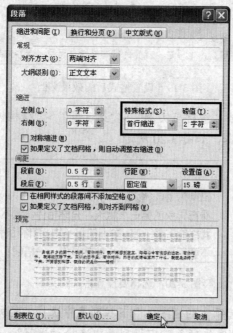

图 3-23　设置缩进、段间距和行距

步骤6 将文档另存为"梧桐树下的秋天"。

3.4 页面设置与打印输出

文档编辑完成，可以将其打印出来，但在打印之前，我们需根据要求对文档进行页面设置，其中包括对纸张大小、纸张方向、页边距、纸张来源和版式等。

3.4.1 页面设置

新建文档时，Word 对纸型、纸张方向、页边距及其他选项进行了默认设置。用户也可以根据自己的需要随时进行更改。设置页面既可以在输入文档之前，也可以在输入过程中或文档输入之后进行。

1. 设置纸张大小

默认情况下，Word 中的纸型是标准的 A4 纸，其宽度是 21 厘米，高度是 29.7 厘米，用户可以根据实际需要改变纸张的大小及来源等。

要设置纸张大小，可单击"页面布局"选项卡上"页面设置"组中的"纸张大小"按钮，在展开的列表中可选择所需的纸型，如图 3-24 左图所示，也可单击列表底部的"其他页面大小"项，打开"页面设置"对话框的"纸张"选项卡，然后单击"纸张大小"下拉列表框右侧的三角按钮，在展开的下拉列表中进行选择，如图 3-24 右图所示。

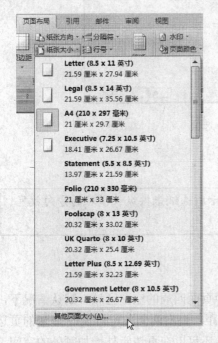
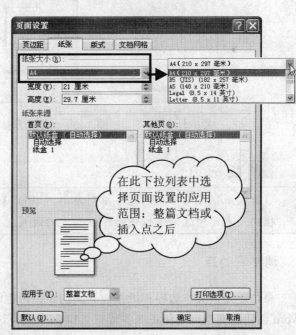

图 3-24 设置纸张大小

此外，还可以直接在"宽度"和"高度"编辑框中输入数值，自定义纸张的大小。

若在"页面设置"对话框中设置好宽度和高度值后单击"默认"按钮，可将该纸张大小作为日后设置纸张大小的默认值。

2. 设置纸张方向

　　纸张方向分为"纵向"和"横向"两种。默认情况下，Word 创建的文档使用"纵向"纸张方向的，用户可以根据需要来改变纸张的方向。

　　若要改变纸张的方向，可单击"页面布局"选项卡上"页面设置"组中的"纸张方向"按钮，然后在展开的列表中选择"横向"，或者在"页面设置"对话框"页边距"选项卡中单击"横向"按钮，如图 3-25 所示。

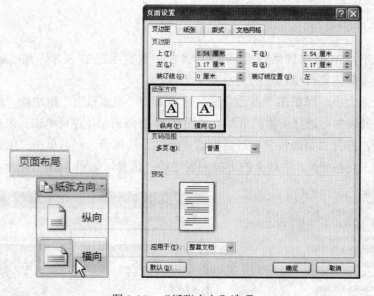

图 3-25　"纸张方向"选项

　　改变纸张方向不影响文字排列方向。"纵向"表示所选纸张按纵长横短的方向放置。"横向"表示所选纸张按横长纵短的方向放置。

3. 调整页边距

　　页边距是指文本边界和纸张边界间的距离，也即页面四周的空白区域。默认情况下，Word 创建的文档顶端和底端各留有 2.54 厘米的页边距，左右两侧各留有 3.17 厘米的页边距。用户可以根据需要修改页边距。如果需要装订，还可以在页边距外增加额外的空间，以留出装订位置。

　　单击"页面布局"选项卡上"页面设置"组中的"页边距"按钮，可在弹出的列表中设置页面边距。或者单击列表底部的"自定义边距"项，在打开的"页面设置"对话框自定义页边距，如图 3-26 所示。

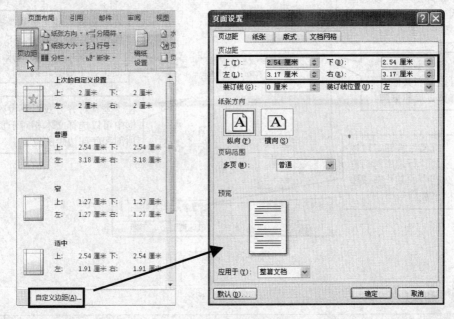

图 3-26 设置页边距

　　利用标尺可快速改变页边距：在页面视图或打印预览视图下，标尺上的白色部分表示页面的宽度，两端的蓝色部分表示页边距。将光标指向白色部分与蓝色部分的交界处，待光标变成左右双向箭头形状并显示"页边距"字样时拖动鼠标即可调整页边距，如图 3-27 左上图和右上图所示。若在拖动时按住【Alt】键，Word 还会自动显示页边距的测量值，如图 3-27 下图所示。

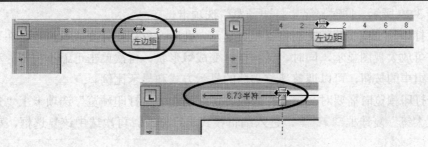

图 3-27 利用标尺调整页边距

4. 设置版式

　　利用"页面设置"对话框中的"版式"选项卡，可以为文档的奇、偶页设置不同的页眉和页脚，以及设置页眉和页脚与纸张上、下边界的距离等，如图 3-28 所示。

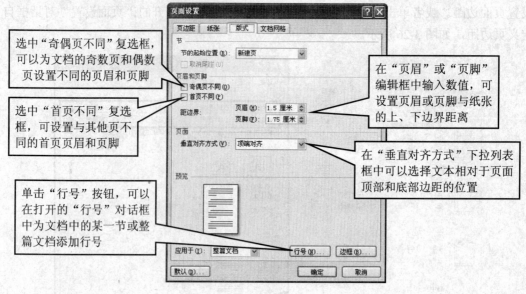

图 3-28　设置版式

选中"奇偶页不同"复选框，可以为文档的奇数页和偶数页设置不同的页眉和页脚

选中"首页不同"复选框，可设置与其他页不同的首页页眉和页脚

单击"行号"按钮，可以在打开的"行号"对话框中为文档中的某一节或整篇文档添加行号

在"页眉"或"页脚"编辑框中输入数值，可设置页眉或页脚与纸张的上、下边界距离

在"垂直对齐方式"下拉列表框中可以选择文本相对于页面顶部和底部边距的位置

提　示

　　"页眉"和"页脚"编辑框中的值不能大于"页边距"选项卡中的"上"、"下"编辑框中设置的值，否则页眉和页脚就会延伸到文档的正文中来。

3.4.2　打印预览

　　文档编排完毕，就可以打印输出了。为防止出错，如错行、空页等，在打印文档之前，一般都会先预览一下打印效果，以便及时改正，以免浪费资源。

　　打印预览是指用户可以在屏幕上预览打印效果，也就是实现了"所见即所得"。单击"Office 按钮"，在弹出的菜单中选择"打印">"打印预览"选项，即可进入打印预览模式，如图 3-29 所示，同时显示"打印预览"选项卡。

　　进入打印预览模式后，文档将以整页显示，此时，鼠标指针变成🔍形状，在页面中单击鼠标，可放大视图显示，同时，鼠标指针变成🔍形状，再次单击可缩小视图。利用"显示比例"组中的按钮，可以调整当前文档的显示方式和显示比例。

　　若在打印预览时需要对文档进行修改，可取消选中"打印预览"选项卡上"预览"组中的"放大镜"复选框☐ 放大镜，进入编辑模式进行修改。再次选中该复选框，可返回预览模式。

　　单击"关闭打印预览"按钮✕可退出打印预览模式，返回文档编辑状态。

提　示

　　有时文档在最后一页只有短短的一行或几行，既浪费纸张也不好看。这时可以在"打印预览"窗口中单击"减少一页"按钮📄，Word 会自动缩小文档中所使用的每种字体的字号，并把最后页中的那几行并入到前面的页中。

56

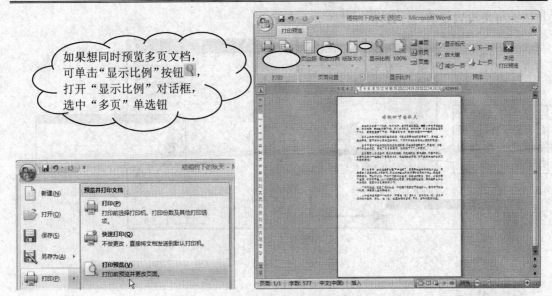

如果想同时预览多页文档，可单击"显示比例"按钮，打开"显示比例"对话框，选中"多页"单选钮

图 3-29　选择"打印预览"项进入打印预览窗口

3.4.3　打印文档

在 Word 中有多种打印文档的方式，用户不仅可以按指定范围打印文档，还可以打印多份、多篇文档或将文档打印到文件，以及对文档进行缩放打印。

1．快速打印

若不需对文档进行打印设置，我们可单击"Office 按钮"，在展开的列表中选择"打印" > "快速打印"选项，如图 3-30 所示。此时，系统将按默认设置将整个文档快速打印一份。当 Word 进行后台打印时，会在任务栏上显示打印的进度。

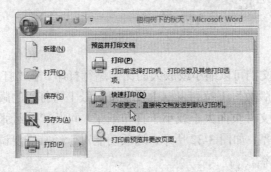

图 3-30　快速打印文档

2．一般打印

如果要打印当前页或指定页，或要设置其他的打印选项，可单击"Office 按钮"，在展开的列表中选择"打印"选项，打开"打印"对话框，在"名称"下拉列表框中选择所需的打印机，在"页面范围"选项区中选择或设置打印的范围，如图 3-31 所示，单击"确定"

按钮即可按设置要求进行打印。

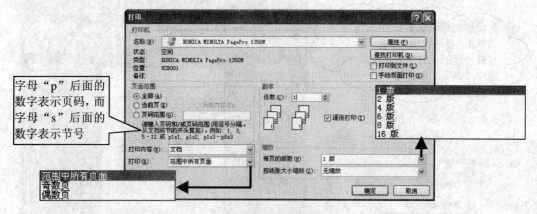

字母"p"后面的数字表示页码，而字母"s"后面的数字表示节号

图 3-31 "打印"对话框

> 若用户只想将选定的部分文档打印出来，只需在选定内容后，在"打印"对话框中的"页面范围"选项区中选中"所选内容"单选钮。
>
> 若要打印指定页，可选中"页码范围"单选钮，然后在其右侧的编辑框中输入所需打印的页码，其中不连续页码之间用逗号隔开，连续页码之间用短横线连接，所使用的连接符和间隔符必须为半角。

3. 打印多份文档

如果要将一个文档打印多份，可在"打印"对话框"副本"设置区的"份数"编辑框中输入要打印的份数。如果要一份一份地打印文档，可选中"逐份打印"复选框，否则完成一页打印后再打印下一页。

4. 打印时缩放文档

在 Word 2007 中，文档可以缩小或放大的比例进行打印。在"打印"对话框的"缩放"设置区中，从"每页的版数"下拉列表框中设置每页纸上将打印的版数，可在一张纸上打印多页文件内容。如果文件页面大于或小于打印纸张，可从"按纸张大小缩放"下拉列表框中选择打印文档的纸型，如图 3-32 所示。这项功能对于经常需要调整文档输出格式的用户，可大大提高打印效率。

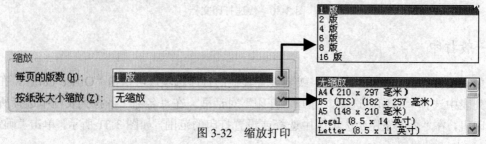

图 3-32 缩放打印

5. 将字体保存在文档中

在实际应用中，我们经常会在一台电脑中编辑文档，而在其他电脑（下称目标电脑）中打印文档。此时会经常出现这样的情况，由于目标电脑中未安装文档使用的某些字体，进而导致打印出来的文档与原稿的外观显示不一致。此时我们可以通过执行如下操作来解决这一问题：

步骤 1　在编辑文档的电脑中打开文档。

步骤 2　单击"Office 按钮"，在展开的列表中单击"Word 选项"按钮，打开"Word 选项"对话框。

步骤 3　单击左侧列表中的"保存"项，选中右侧"共享该文档时保留保真度"设置区中的"将字体嵌入文件"复选框，如图 3-33 所示。其中：

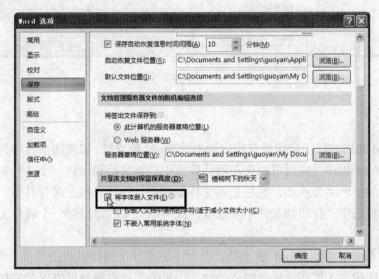

图 3-33　随文档保存使用的 TrueType 字体

- ➢ **将字体嵌入文件**：将 True Type 字体和 Open Type 字体与文档一起存储。
- ➢ **仅嵌入文档中使用的字符**：只嵌入文档中实际使用的 TrueType 字体或 Open Type 字体。只有在选中"将字体嵌入文件"复选框后，此选项才可用。
- ➢ **不嵌入常用系统字体**：仅当计算机中尚未安装 TrueType 字体时才嵌入这些字体。只有在选中"将字体嵌入文件"复选框后，此选项才可用。

步骤 4　保存文档。

这样就可以把创建此文档所用的 TrueType 字体和 Open Type 字体与文档保存在一起，当在另一台电脑上打开此文档时，仍然可用这些字体来查看和打印文档。

6. 打印多篇文档

若要打印多篇文档，可单击"Office 按钮"，在展开的列表中选择"打开"项，在打开的"打开"对话框中选中要打印的多个文档（配合【Shift】键或【Ctrl】键），然后单击鼠标右键，从弹出的快捷菜单中选择"打印"项，即可一次连续地打印出多篇文档，如图 3-34

所示。

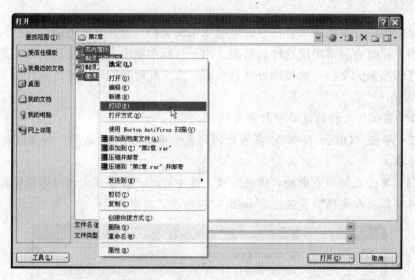

图 3-34　打印多篇文档

7. 打印到文件

普通 Word 文档的打印必须要有相应版本的 Word 的支持。如果连接打印机的目标计算机没有安装 Word 程序，此时可以先在源计算机中将该文档输出到一个文件中，生成打印文件（该文件的扩展名为.prn），然后把该文件复制到目标计算机上进行打印。我们只需在"打印"对话框选中"打印到文件"复选框，就可以将文档输出到一个磁盘文件，而不是打印机中。

打印文件不仅不需要 Word 的支持，甚至不需要汉字操作系统的支持，这就为 Word 文件的异地打印提供了便利。只要知道异地打印机的型号，就可以将保存的打印文件传递过去打印，而不必担心是否有相应的操作系统，是否有 Word 以及是什么版本等。

使用打印文件需要先转换到 MSDOS 方式下，然后用 copy 命令将打印文件发送到打印机，命令格式如下：

copy 文件名 prn / b

命令共四个部分，其中 prn 指将输出设备指定为打印机；

/ b 指以二进制方式输出，如无此参数，图片等信息可能无法正确打印。

➤ Word 打印文件生成以后，就不能再用 Word 等编辑工具打开和编辑了，只能直接发送到打印机。

➤ 打印时，打印机必须先打开，并连机。

➤ 生成 Word 打印文件时，必须考虑用什么打印机打印这个文件，打印机的选择可在打印参数设置窗口的打印机名称下拉列有框中选择。选择不同的打印机，生成的打印文件是不同的，如果选用其他打印机，可能打印不出正确的文字格式及图片。

➤ 打印文件的打印质量和打印参数的各项设置有关。

在打印过程中，如果要暂停打印，可双击任务栏上的打印机图标，打开"打印机"窗口，选中正在打印的文档，然后右击鼠标，在弹出的快捷菜单中选择"暂停"项；若要取消文档的打印，可在右击菜单中选择"取消"项，然后在打开的提示对话框中单击"是"按钮，如图 3-35 所示。

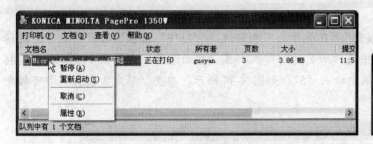

图 3-35 暂停或取消打印操作

3.5 上机实践——打印抒情散文

下面，我们对上节制作的抒情散文进行页面设置后打印 5 份，分发给好友们欣赏，操作步骤如下：

步骤 1 打开素材文档"素材与实例" > "第 3 章" > "梧桐树下的秋天"。

步骤 2 单击"页面布局"选项卡上"页面设置"组右下角的对话框启动器按钮，打开"页面设置"对话框，在"页边距"设置区中设置上、下、左、右的值均为"2"，如图 3-36 所示。

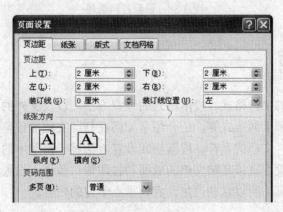

图 3-36 设置页边距

步骤 3 单击"纸张"选项卡，在"纸张大小"下拉列表框中选择"B5"，如图 3-37 所示，然后单击"确定"按钮，页面设置完毕。

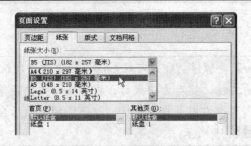

图 3-37　设置纸张大小

步骤 4　单击"Office 按钮"，在展开的列表中选择"打印"选项，打开"打印"对话框，在"名称"下拉列表框中选择所需的打印机，在"页面范围"设置区中选择或设置打印的范围，在"份数"编辑框中输入"5"，如图 3-38 所示，单击"确定"按钮，即可按所设置进行文档的打印操作。

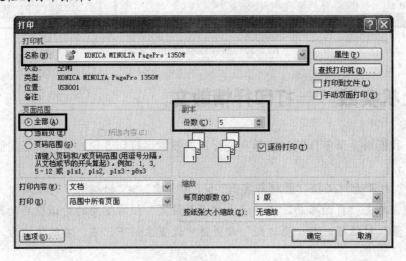

图 3-38　设置打印选项

3.6　学习总结

本章介绍了文档的字符格式、段落格式的设置方法，以及文档的页面设置知识，如设置纸张大小、页边距和页面版式等，还介绍了如何在打印文档前预览文档，以及打印文档时的相关设置。其中，文档的字符、段落格式设置方法属于最基本的格式设置，读者应牢固掌握；文档的页面设置直接影响文档的版面和打印输出效果；设置文档的打印方式会大大提高文档输出的效率，所以这些也是读者需重点学习的内容。

3.7　思考与练习

一、填空题

1. 字符格式包括字体、＿＿＿＿＿、形状、＿＿＿＿＿，以及特殊的阴影、阴文、＿＿＿＿＿、动态等修饰效果。

2. 要设置字符格式，应首先_____，然后再利用_____或"开始"选项卡"字体"组中的工具进行设置，若要进行更为详细的设置，可在_____对话框中进行。

3. 要设置段落格式，可直接将光标定位在_____；若要同时为多个段落设置格式，则应首先_____，然后再进行段落格式设置。

4. _____是指用户可以在屏幕上预览的打印效果，也就是实现了"所见即所得"。

二、简述题

1. 段落的缩进包括哪些？如何操作？
2. 页面设置包括哪些？如何进行页面设置？
3. 打印文档有哪些方式？

三、操作题

1. 制作如图 3-39 所示的文档。

图 3-39 设置格式后的文档

具体要求：

（1）打开素材文件"素材与实例" > "第 3 章" > "冬天 1"文档，设置标题文本的字体为"华文行楷"，"小一"号字，"居中"对齐。

（2）设置正文的字体为"汉仪丫丫体简"、"四号"，字体颜色为"蓝色"，首行缩进 2 个字符，段前、段后间距均为"0.5 行"，行距为固定值"20 磅"。

（3）设置纸张大小为 B5，上、下、左、右页边距均为 1.8 厘米，

（4）将文档另存为"冬天"，预览后打印一份，看看效果。

2．打开素材文档"素材与实例" > "第 3 章" > "从头再来"，然后进行如下操作：

（1）将标题"从头再来"格式设置成"黑体"、"小初"、"红色"，"居中"对齐。

（2）将第一段设置段前间距 2.5 行和段后间距 1.5 行。

（3）全文设置行间距为"最小值 18 磅"。

（4）对正文中所有段落设置首行缩进两个字符的格式。

（5）将"钟声…"一段设置 1.5 倍行距。

（6）将"钟声…"一段引号内文字"加粗"并加"下划线"。

（7）将"以往…"一段引号内文字设为"斜体、蓝色文字"。

（8）将"流年…"一段字符间距设为"加宽 1.5 磅"。

第4章
文档高级编排

本章内容提要

章前导读

　　若文档中有多处要使用相同格式，用户可以根据情况使用"格式刷"工具或样式快速统一文档的格式，从而大大提高工作效率；页眉和页脚分别位于文档页面的顶部和底部的页边距中，为文档添加页眉和页脚，便于浏览者迅速获取文档主题、页数、页码等相关信息；而分栏排版方式简洁、明了，使阅读者感觉轻松。

4.1　格式的复制

　　在编辑文档时，若文档中有多处内容要使用相同的格式，可使用"格式刷"工具来进行格式的复制，以提高工作效率。

　　使用"格式刷"工具复制格式的方法是：选中已设置格式的文本或段落，单击"开始"选项卡上"剪贴板"组中的"格式刷"按钮🖌，此时鼠标指针变成刷子形状🖌，拖动鼠标选择要应用该格式的文本或段落即可。具体操作步骤如下：

　　步骤 1　选中设置好格式的文本，如图 4-1 所示。

图 4-1　选中设置好格式的文本

　　步骤 2　单击"开始"选项卡上"剪贴板"组中的"格式刷"按钮🖌，将鼠标指针移到文档中，此时鼠标指针变为刷子形状🖌，如图 4-2 所示。

　　步骤 3　拖动鼠标选择要应用该格式的文本，释放鼠标，该格式即可应用到所选文本中，如图 4-3 所示。

图 4-2　单击"格式刷"按钮

图 4-3　复制格式

也可选中设置好格式的文本或段落后按【Ctrl+Shift+C】组合键，然后选中要应用该格式的文本或段落，按【Ctrl+Shift+V】组合键即可。

提示

在 Word 中，段落格式设置信息被保存在每段后的段落标记中。因此，如果只希望复制字符格式，请不要选中段落标记。如果希望同时复制字符格式和段落格式，则务必选中段落标记。

若只复制一次格式，则在选中文本后单击"格式刷"按钮；若要进行多次格式复制，则应在选中文本后双击"格式刷"按钮。复制完毕，再次单击"格式刷"按钮或按【Esc】键结束操作。

4.2　使用样式快速统一文档格式

样式就是一系列格式的集合，它是 Word 中最强有力的工具之一，使用它可以快速统一文档格式。理解什么是样式、学会怎样创建、应用和修改样式，对于高效率地利用 Word 编排文档有非常大的帮助，如节省编排时间、加快编辑速度，确保文档中格式的一致性。

4.2.1　样式的特点

使用样式的好处在于用户能够准确、迅速地统一文档格式，另一个好处在于格式调整方便，例如，要修改某级标题的格式，用户只要简单地修改样式，则所有采用该样式的标题格式将被自动修改。

4.2.2　样式类型

在 Word 2007 中，样式有三类，一类是段落样式，一类是字符样式，还有一类是 Word 2007 新增的链接段落和字符样式。

> ➢ 字符样式只包含字符格式，如字体、字号、字形等，用来控制字符的外观。可以对一段文本应用段落样式，对其中的部分文字应用字符样式。
>
> ➢ 段落样式既可包含字符格式，也可包含段落格式，用来控制段落的外观。段落样式可以应用于一个或多个段落。
>
> ➢ 链接段落和字符样式，这类样式包含了字符格式和段落格式设置，它既可用于段落，也可用于选定字符。

可以对一段文本应用段落样式，对其中的部分文本应用字符样式，或应用链接段落和字符样式。

单击"开始"选项卡上"样式"组右下角的对话框启动器按钮，打开"样式"任务窗格，如图 4-4 左图所示，样式名称后面带 **a** 符号的是字符样式，带 ↵ 符号的是段落样式，带 " ↵a " 符号的是链接段落和字符样式。

要查看样式设置信息，只需将鼠标指针指向"样式"任务窗格中的样式名称上即可，如图 4-4 右图所示。

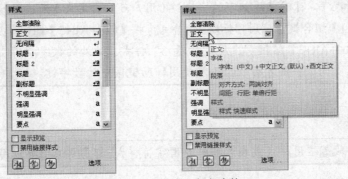

图 4-4　"样式"任务窗格

4.2.3　内置样式的应用

在 Word 2007 中，系统内置了丰富的样式。单击"开始"选项卡，在"样式"组的"快速样式库"中显示了一些样式，其中"正文"、"无间隔"、"标题 1"等都是样式名称。若单击列表框右侧的"其他"按钮，会展开一个样式列表，从中可以选择更多的样式，如图 4-5 所示。

图 4-5　样式列表

要应用内置的样式，只需将光标置于要应用样式的段落中或选中要应用样式的段落或文本，然后在样式列表中单击要应用的样式即可，如图4-6所示。

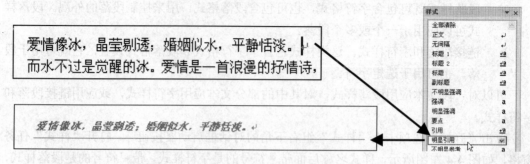

图4-6 对段落应用内置样式

默认的情况下，可以使用如下的快捷键（用户可以自定义）来应用其相应的样式：按【Ctrl+Alt+1】组合键，应用"标题1"样式；按【Ctrl+Alt+2】组键，应用"标题2"样式；按【Ctrl+Alt+3】组键，应用"标题3"样式。此处的数字"1"、"2"、"3"只能按主键盘区上的数字键才有效，不能使用辅助键区中的数字键。

要为多个段落应用样式或在文档中应用字符样式，都需要选中要应用样式的内容。

4.2.4 自定义样式的创建与应用

如果内置的样式不能满足实际工作中的需要，用户可以创建自定义的样式，并将该样式应用于文档中。

样式的创建很简单，下面我们以创建一个"提示文字"的样式为例，介绍创建样式的方法，操作步骤如下：

步骤1 单击"开始"选项卡上"样式"组右下角的对话框启动器按钮，打开"样式"任务窗格，单击任务窗格左下角的"新建样式"按钮，如图4-7所示，打开"根据格式设置创建新样式"对话框。

步骤2 在"名称"编辑框中输入新样式的名称"提示文字"；在"样式类型"下拉列表中选择样式类型，如"段落"；在"样式基准"下拉列表中选择一个作为创建基准的样式，如"正文"；在"后续段落样式"下拉列表中为应用该样式段落后面的段落设置一个缺省样式，如"正文"，如图4-8所示。

若用户为当前新建的样式选择了基准样式，则对基准样式进行修改时，基于该样式创建的样式也将被修改。

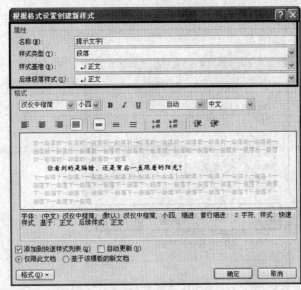

图 4-7 单击"新建样式"按钮   图 4-8 设置新样式的属性

步骤 3   单击对话框左下角的"格式"按钮，在展开的列表中选择"字体"项，如图 4-9 所示。

步骤 4   在打开的"字体"对话框中设置中文字体为"楷体"，西文字体为"Times New Roman"，字形为"常规"，字号为"五号"，下划线线型为双波浪线，下划线颜色为"深蓝"，如图 4-10 所示，然后单击"确定"按钮返回"根据格式设置创建新样式"对话框。

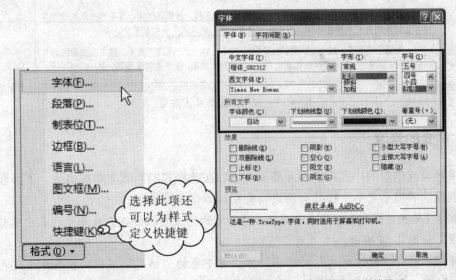

图 4-9 选择"字体"项   图 4-10 设置样式的字体格式

步骤 5   再次单击"格式"按钮，在展开的列表中选择"段落"项，打开"段落"对话框，设置首行缩进为 2 个字符，段前和段后间距均为"0.5 行"，行距为固定值 15 磅，如图 4-11 所示，然后单击"确定"按钮返回"根据格式设置创建新样式"对话框，在该对话框的预览框中可以看到新建样式的效果，其下方列出了该样式所包含的格式。

步骤 6 单击"确定"按钮关闭对话框，样式列表中显示了新创建的样式"提示文字"，如图 4-12 所示。

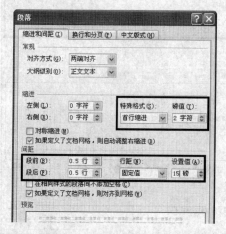

图 4-11　设置样式的段落格式

图 4-12　"样式"列表显示新创建的样式

将插入符置于要应用自定义样式的段落中，在"样式"任务窗格中选择所需的自定义样式，即可将选中的样式应用到插入符所在的段落中，如图 4-13 所示。

爱情像冰，晶莹剔透；婚姻似水，平静恬淡。

而水不过是觉醒的冰。爱情是一首浪漫的抒情诗，婚姻则是一部写实的长篇小说。当你听腻了诗的浪漫，不妨看一看充满琐细的小说。

爱情像雾，朦胧而短暂，很快就会消失得无影无踪。婚姻像把伞，烈日当头或大雨倾盆时它会给你一片幸福的遮挡，但在晴和的日子里，伞又成了多余的累赘。

爱情是精神的，婚姻是物质的。恋爱的时候，人们活在精神世界里，想方设法愉悦对方的心灵；结婚后，人们生活在物质世界里，起床就 7 件事：柴米油盐酱醋茶，少一样也不行。

图 4-13　应用自定义样式效果

4.2.5　样式的修改

如果预设或创建的样式不能满足要求，可以在此样式的基础上略加修改。下面通过修改刚刚创建的"提示文字"样式为例进行介绍，操作步骤如下。

步骤 1 单击"样式"列表中"提示文字"右侧的三角按钮，在展开的列表中选择"修改"选项，如图 4-14 所示。

步骤 2 打开"修改样式"对话框，单击左下角的"格式"按钮，在展开的列表中选择"字体"项，在打开的"字体"对话框中将中文字体更改为"黑体"，字形为"倾斜"，字号为"小五"，下划线线型为"方点"，下划线颜色为"红色"，如图 4-15 所示，然后单击"确定"按钮。

步骤 3 再次单击"格式"按钮，在展开的列表中选择"段落"项，在打开的"段落"对话框中更改行距为"1.5 倍行距"，如图 4-16 所示。

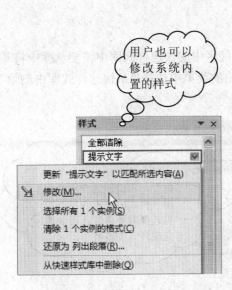

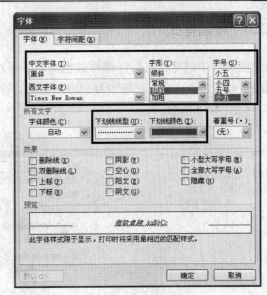

图 4-14　选择"修改"项　　　　　　　　　图 4-15　修改字符格式

步骤 4　单击"确定"按钮返回"修改样式"对话框，选中"自动更新"复选框，如图 4-17 所示，单击"确定"按钮，则所有应用该样式的段落均会自动更新样式，如图 4-18 所示。

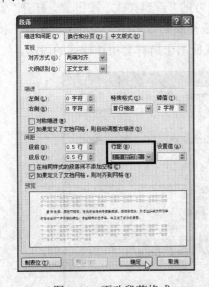

图 4-16　更改段落格式　　　　　　　　　图 4-17　选中"自动更新"复选框

图 4-18　自动更新样式

4.2.6　删除样式

在文档中创建样式后，该样式也同时显示在功能区中的快速样式库中，要从库中将其删除，可右击"样式"列表中要删除的样式，在弹出的菜单中选择"从快速样式库中删除"项，如图 4-19 所示。

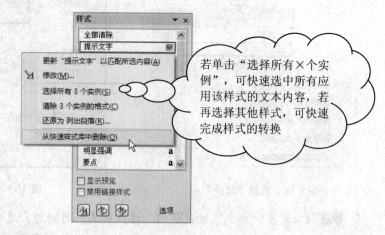

图 4-19　"从快速样式库中删除"样式

要将该样式彻底删除，可单击"样式"任务窗格下方的"管理样式"按钮，打开"管理样式"对话框，在"选择要编辑的样式"列表框中选择要删除的样式，单击"删除"按钮，如图 4-20 所示。删除样式后，Word 将把正文样式应用于所有套用该样式的段落。

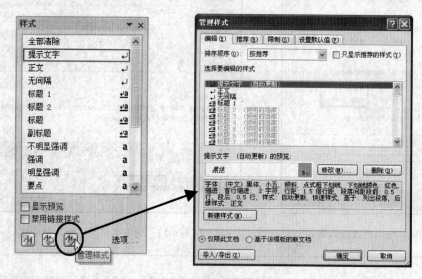

图 4-20　从文档中删除样式

　　用户只能删除自定义的样式，不能删除 Word 2007 的内置样式。

4.3　上机实践——制作劳动合同书

下面通过制作一则如图 4-21 所示的劳动合同书，即先自定义标题样式和条目样式，然后将它们应用到劳动合同书中，最后使用"格式刷"工具复制格式，以此来巩固一下前面所学的知识，具体操作步骤如下：

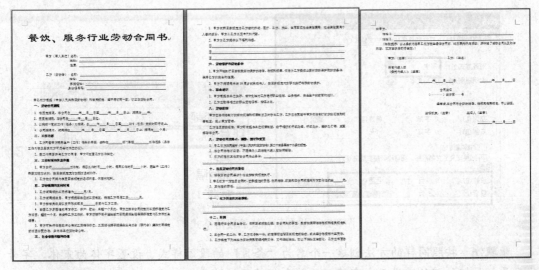

图 4-21　制作的劳动合同书

步骤 1　打开素材文档"素材与实例" > "第 4 章" > "劳动合同书 1"。

步骤 2　单击"开始"选项卡上"样式"组右下角的对话框启动器按钮，打开"样式"任务窗格，单击任务窗格左下角的"新建样式"按钮，打开"根据格式设置创建新样式"对话框。

步骤 3　在"名称"编辑框中输入新样式的名称"标题 A"，然后分别设置样式类型、样式基准和后续段落样式，单击对话框左下角的"格式"按钮，在展开的列表中选择"字体"选项，如图 4-22 所示。

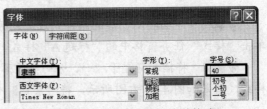

图 4-22　设置新格式的属性　　　　　　　图 4-23　设置新样式的字体格式

步骤4 在打开的"字体"对话框中设置中文字体为"隶书"，字号为"40"，如图 4-23 所示，然后单击"确定"按钮。

步骤5 再次单击"格式"按钮，在展开的列表中选择"段落"，在打开的"段落"对话框中设置对齐方式为"居中"，段前和段后间距均为 0.5 行，行距为 1.5 倍行距，如图 4-24 左图所示，然后单击两次"确定"按钮，这样就新建了一个"标题 A"样式，该样式出现在"样式"任务窗格中，如图 4-24 右图所示。

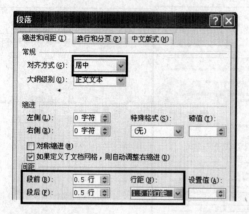
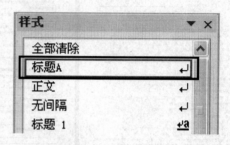

图 4-24　设置新样式的段落格式

步骤6 按照同样的方法创建一个名为"条目"的段落样式，设置字体为宋体，字号为五号，加粗，首行缩进 2 个字符，段前和段后间距均为 0.25 行，如图 4-25 所示。

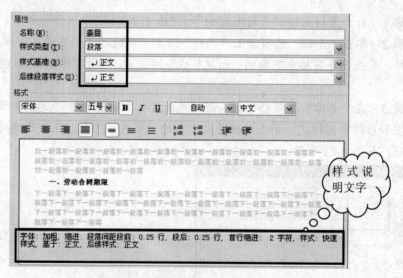

图 4-25　"条目"样式的属性

步骤7 下面将刚创建的新样式应用到劳动合同书中。将插入符置于第一行中，然后单击"样式"任务窗格中的"标题 A"样式，结果如图 4-26 下图所示。

步骤8 将插入符置于"一、……"段落中，然后单击"样式"任务窗格中的"条目"样式，结果如图 4-27 右图所示，将"条目"样式应用于段落中。

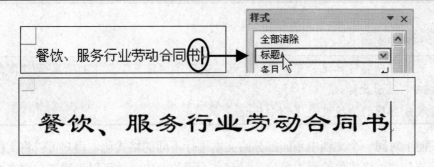

图 4-26 对段落应用"标题 A"样式

图 4-27 应用"条目"样式

步骤 9 双击"开始"选项卡上"剪贴板"组中的"格式刷"按钮，分别在后续的"二、"至"十二、"所在段落中单击，将这些段落应用"条目"样式，然后再次单击"格式刷"按钮结束格式的复制操作，效果如图 4-21 所示。最后将文档另存为"劳动合同书"即可。

4.4 文档分页与分节

通常情况下，用户在编辑文档时，系统会自动分页。如果要将文档中某个段落后面的内容分配到下一页中，此时可通过插入分页符在指定位置强制分页。即将插入符放置在要分页的位置，然后单击"页面布局"选项卡上"页面布局"组中的"分隔符"按钮，在展开的列表中选择"分页符"即可，在分页处显示一个虚线的分页符标记，插入符后的内容显示在下一页中，如图 4-28 所示。

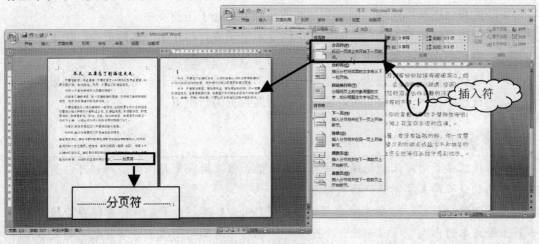

图 4-28 强制分页

如未看到分页符标记，可单击"开始"选项卡"段落"组中的"显示/隐藏编辑标记"按钮 显示此标记。

插入分页符的快捷键是【Ctrl+Enter】键。

为了便于对同一个文档中不同部分的文本进行不同的格式化，用户可以将文档分割成多个节。节是文档格式化的最大单位，只有在不同的节中，才可以设置与前面文本不同的页眉页脚、页边距、页面方向、文字方向或分栏版式等格式。分节使文档的编辑排版更灵活，版面更美观。

要为文档分节，可首先将插入符置于要分节的位置，然后单击"页面布局"选项卡上"页面设置"组中的"分隔符"按钮 ，在展开的列表中选择分节符类型，如图 4-29 所示。Word 即在插入符所在位置插入一个分节符。

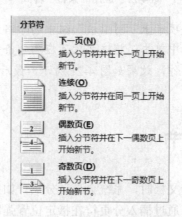

图 4-29　"分节符"类型列表

列表中各选项的意义如下：

➢ 选择"下一页"选项，则分节符后的文本从新的一页开始。

➢ 选择"连续"选项，则新节与其前面一节同处于当前页中。

➢ 选择"偶数页"选项，则新节中的文本显示或打印在下一偶数页上。如果该分节符已经在一个偶数页上，则其下面的奇数页为一空页。

➢ 选择"奇数页"选项，则新节中的文本显示或打印在下一奇数页上。如果该分节符已经在一个奇数页上，则其下面的偶数页为一空页。

与段落格式用段落标记保存一样，节的格式信息用分节符保存，用户可以通过复制和粘贴分节符来复制节的格式信息。

要删除分节符，可在选中分节符后按【Delete】键。由于分节符中保存着该分节符上面文本的格式，所以删除一个分节符，就意味着删除了这个分节符之上的文本所使用的格式，此时该节的文本将使用下一节的格式。

4.5　上机实践——在同一文档中设置不同的页面方向

下面我们通过将同一文档中的大表格所在页面横向显示,而其他页保持纵向显示为例,介绍插入分节符的方法,效果如图 4-30 所示,具体操作步骤如下:

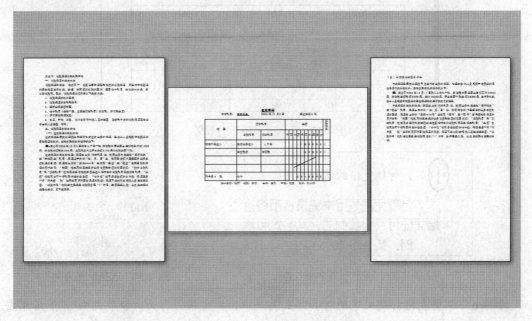

图 4-30　插入分节符改变页面方向

步骤 1　打开素材文档"素材与实例">"第 4 章">"分节文档 1"。将插入符置于要进行分节的位置,如图 4-31 左图所示。

步骤 2　单击"页面布局"选项卡上"页面设置"组中的"分隔符"按钮,在展开的列表中选择"下一页",如图 4-31 右图所示。

图 4-31　确定插入符位置、选择"下一页"分节符

步骤 3　Word 自动在插入符所在位置插入一个分节符,插入符后的内容显示在下一页中,如图 4-32 所示。

步骤 4　将插入符置于第 2 节的结尾处,即表格后面一段的开始处,如图 4-33 所示,重复步骤 2,插入另一个分节符。

步骤 5　将插入符置于表格所在页,然后单击"页面布局"选项卡上"页面设置"组中的"纸张方向"按钮,在展开的列表中选择"横向",如图 4-34 所示。

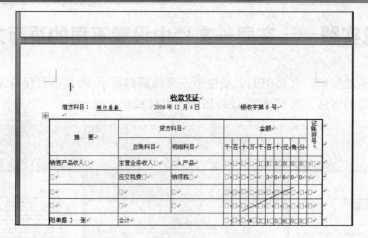

图 4-32　插入分节符后的效果

图 4-33　确定第二个插入符　　　　　　　　　图 4-34　选择纸张方向

步骤 6　调整表格标题文字的对齐方式为居中，将文档另存为"分节文档"，然后单击"Office 按钮"，在展开的列表中选择"打印"＞"打印预览"项，效果如图 4-30 所示。

4.6　为文档添加页眉和页脚

页眉和页脚分别位于文档页面的顶部和底部的页边距中，常常用来插入标题、页码、日期等文本，或公司徽标等图形、符号。用户可以将首页的页眉或页脚设置成与其他页不同的形式，也可以对奇数页和偶数页设置不同的页眉和页脚。

4.6.1　页眉和页脚的添加、修改与删除

1．添加页眉和页脚

要为文档添加页眉和页脚，操作步骤如下：

步骤 1　打开要添加页眉和页脚的文档，单击"插入"选项卡上"页眉和页脚"组中的"页眉"按钮，展开内置页眉样式列表，如图 4-35 所示，选择一种页眉样式，如"空白"。

步骤 2　进入"页眉和页脚"编辑状态，如图 4-36 上图所示，同时显示"页眉和页脚工具　设计"选项卡。在"键入文字"框中输入页眉文本，如图 4-36 下图所示。

步骤 3　单击"导航"组中的"转至页脚"按钮转至页脚处，然后为文档添加页脚内容，如图 4-37 所示。

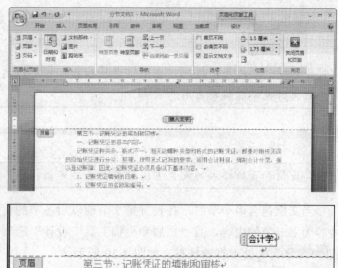

图4-35　页眉列表　　　　　　　　　　图4-36　添加页眉文本

步骤 4　单击"页眉和页脚工具　设计"选项卡上的"关闭页眉和页脚"按钮，退出页眉和页脚编辑状态，回到正文编辑状态，结果如图4-38所示。

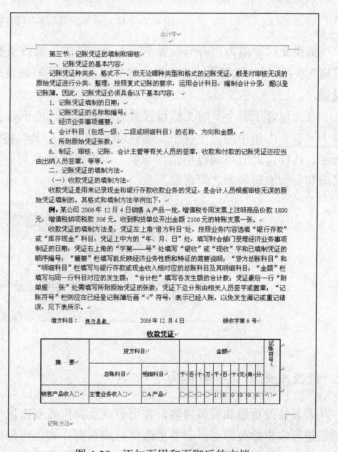

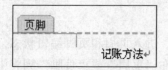

图4-37　添加页脚　　　　　　　　　　图4-38　添加页眉和页脚后的文档

提 示

　　页眉和页脚只有在页面视图或打印预览中才是可见的。页眉和页脚与文档的正文处于不同的层次上，因此，在编辑页眉和页脚时不能编辑文档正文。同样，在编辑文档正文时也不能编辑页眉和页脚。

 提 示

　　页眉和页脚格式的设置方法与文档正文完全相同。

　　当文档包含多个节时，在设置第 2 节或以后各节的页眉和页脚时，页眉和页脚的初始内容为上一节的内容，且"页眉和页脚工具　设计"选项卡中的"链接到前一条页眉"按钮 处于有效状态，如图 4-39 所示。

图 4-39　与上一节的页眉和页脚链接

　　如果此时希望为当前节设置不同于上一节的页眉或页脚，应首先单击"链接到前一条页眉"按钮 ，以断开当前节和上一节页眉或页脚之间的链接关系，然后再进行设置。

　　在为包含了多个节的文档设置页眉和页脚时，可单击"页眉和页脚工具　设计"选项卡上"导航"组中的"上一节"按钮 或者"下一节"按钮 继续进行设置，如图 4-40 所示。同样，此时可通过单击"导航"组中的"转至页眉" 和"转至页脚"按钮 ，在页眉和页脚编辑状态之间切换。

图 4-40　"导航"组

2. 修改或删除页眉和页脚

　　若要修改页眉和页脚内容，在页眉或页脚位置双击鼠标，进入页眉和页脚编辑状态，然后进行编辑修改即可。若要更改页眉或页脚样式，可分别在"页眉"或"页脚"列表中重新选择一种样式，则整个文档的页眉或页脚都会发生改变。

若要删除页眉和页脚，可在"页眉"或"页脚"列表中选择"删除页眉"或"删除页脚"选项。

4.6.2 在文档中添加页码

页码是一种内容最简单，但使用最多的页眉或页脚，通过页码可以标记文档的总页数、当前正在编辑或阅读的页数，以方便查阅。由于页码通常都被放在页眉区或页脚区，因此，只要在文档中设置页码，实际上就是在文档中加入了页眉或页脚。Word 可以自动而迅速地编排和更新页码。

要为文档添加页码，可在正文编辑状态下单击"插入"选项卡上"页眉和页脚"组中的"页码"按钮🔲或进入页眉和页脚编辑状态，然后单击"页眉和页脚工具 设计"选项卡上"页眉和页脚"组中的"页码"按钮🔲，在展开的列表中选择页码的放置位置，如图 4-41 左图所示，然后在其子菜单中选择一种页码样式即可。图 4-41 右图所示为在文档底端插入"普通数字 2"的页码效果。

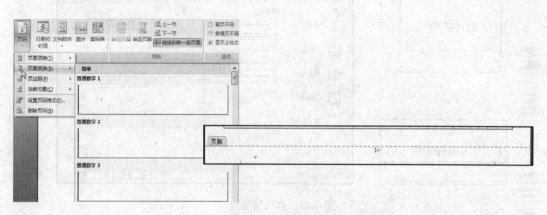

图 4-41 "页码"列表及插入页码后的效果

若要设置页码的格式，可单击"页码"列表底部的"设置页码格式"项，然后在打开的"页码格式"对话框中进行设置，如图 4-42 所示。

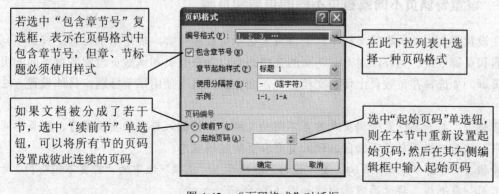

图 4-42 "页码格式"对话框

要删除页码，可单击列表中的"删除页码"项。如果文档首页页码不同，或者奇偶页的页眉或页脚不同，需要将光标分别定位在相应的页面中，再删除页码。

4.6.3 修改或删除页眉线

默认情况下，页眉线为单细线。如果要修改页眉线，可执行如下操作步骤：

步骤 1 在文档中双击页眉区，进入页眉编辑状态，然后选中页眉文字后面的段落标记，如图 4-43 左上图所示。

步骤 2 单击"开始"选项卡上"段落"组中"边框"按钮右侧的三角按钮，在展开的列表中选择底部的"边框和底纹"项，打开"边框和底纹"对话框，并显示"边框"选项卡。

步骤 3 在"样式"列表框中选择一种线条样式，如图 4-43 右图所示，然后单击两次下框线按钮，单击"确定"按钮，结果如图 4-43 左下图所示，页眉线线型改变。

图 4-43　修改页眉线

如果要删除页眉线，可在"边框"选项卡的"设置"区中选择"无"选项，或单击"预览"区中的（下框线）按钮。

4.6.4 设置奇偶页不同或首页不同的页眉和页脚

在设置了页眉和页脚的文档中，若首页未显示页眉和页脚，多是由于设置了首页不同的页眉和页脚效果。另外，对多于两页的文档，可以为奇数页和偶数页设置各自不同的页眉或页脚，如选择在奇数页上使用文档标题，而在偶数页上使用章节标题。具体设置方法如下：

步骤 1 打开要设置奇偶页或首页不同的文档，或将插入符置于要设置奇、偶页不同的节中，然后双击页眉或页脚区，进入页眉和页脚编辑状态。

步骤 2 单击"页眉和页脚工具　设计"选项卡上"选项"组中的"首页不同"和"奇偶页不同"复选框，将这两项选中，如图 4-44 所示。

步骤 3 分别在首页页眉、奇数页页眉和偶数页页眉位置输入内容即可。

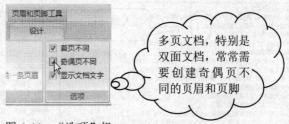

图 4-44　"选项"组

> 将页眉设置为"奇偶页不同"时，偶数页的页眉线会自动恢复到默认状态下，用户可以根据需要重新设置。
>
> 如果我们为文档设置了"首页不同"的页眉和页脚，而并未在其中添加内容，实际就是将文档的首页页眉和页脚清除了。

4.7　文档分栏

很多报刊、杂志都采用了分栏排版方式，用户可以对整个文档或文档中的部分内容使用分栏排版方式，这种排版方式简洁、明了，阅读起来轻松。在分栏的外观设置上，Word 具有很大的灵活性，用户可以控制栏数、栏宽以及栏间距，还可以很方便地设置分栏长度。

设置分栏后，Word 的正文将逐栏排列。栏中文本的排列顺序是从最左边的一栏开始，自上而下地填满一栏后，再自动从一栏的底部接续到右边相邻一栏的顶端，并开始新的一栏。

> 分栏只适合于文档中的正文，对页眉、页脚、批注或文本框则不能分栏。如果实在要在这些区域内来分栏，可以使用表格来实现类似的效果。
>
> 在普通视图下不能显示多栏版式，被设置成多栏版式的文本只显示为单栏。只有在页面视图或打印预览方式下，才能查看或设置多栏文本，并看到多栏并排显示的实际效果。

4.7.1　创建分栏

1. 创建等宽栏

将插入符置于要分栏的节中或选定要分栏的文本，单击"页面布局"选项卡上"页面设置"组中的"分栏"按钮 ，在展开的列表中选择"两栏"或"三栏"项，即可将文档等宽分栏。图 4-45 所示是将文本分为三栏的效果。

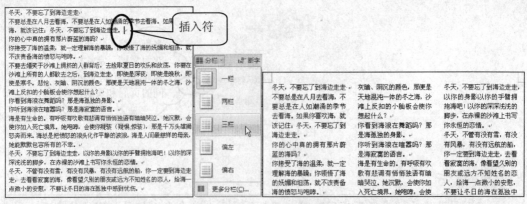

图 4-45　等宽分栏

要将文档分为更多的栏，可在选中文本后，在"分栏"列表底部选择"更多分栏"项，打开"分栏"对话框，在"列数"编辑框中输入要分成的栏数，然后选中"栏宽相等"复选框，如图 4-46 所示，单击"确定"按钮，即可将所选文本等宽分为多栏。

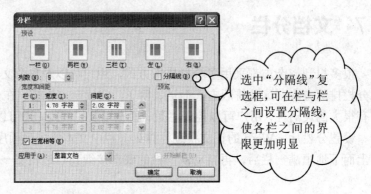

选中"分隔线"复选框，可在栏与栏之间设置分隔线，使各栏之间的界限更加明显

图 4-46　设置更多分栏

2. 创建不等宽栏

要创建不等宽栏，可先将插入符置于要分栏的节中或选定要分栏的文本，然后在"分栏"列表中选择"偏左"或"偏右"项，如图 4-47 所示。或者在"分栏"对话框的"预设"区中选择"左"或"右"项。

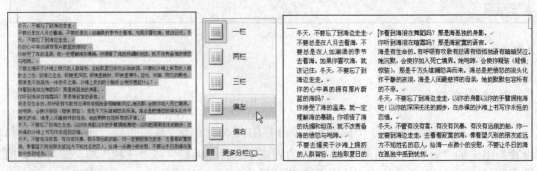

图 4-47　创建不等宽栏

4.7.2 改变栏宽与栏间距

为文档设置分栏后，如果改变文档的栏数，Word 会自动调整栏宽以适应页面。反之，如果调整了页边距或重新设置了栏间距，Word 会自动修改栏宽。

若要快速改变某一栏的栏宽和栏间距，可使用水平标尺，将插入符置于要修改栏宽和栏间距的栏内，左右拖动标尺上的分栏标记，如图 4-48 所示。

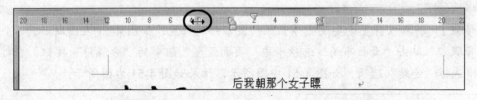

图 4-48　拖动分栏标记改变栏宽与栏间距

此外，还可以通过"分栏"对话框来精确设置栏宽和栏间距，即在"宽度和间距"设置区中直接设置每栏的宽度和间距，如图 4-49 所示。

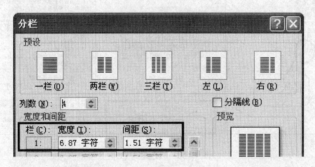

图 4-49　精确设置栏宽和栏间距

4.7.3 设置通栏标题

通栏标题就是跨越多栏的标题。设置通栏标题的方法有多种，用户可以先将标题设置为一栏，然后再对其后的文本进行分栏。或者选中已分栏的标题，然后将其设置为一栏，如图 4-50 所示。

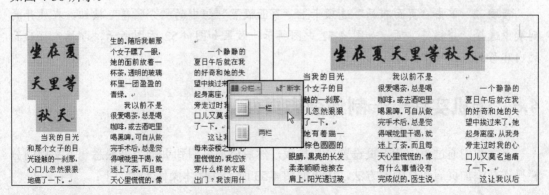

图 4-50　设置通栏标题

4.7.4　创建等长栏

默认情况下，每一栏的长度都是由 Word 根据文本数量和页面大小自动设置的。但有时这种自动确定的分栏位置或栏的长度往往不能满足用户的需要。例如，Word 会将文档的全部内容集中排列在前面的栏中，这时在文档或节的最后一页会出现不均匀的栏尾，如图 4-51 左图所示。为了使文档的版面效果更好，可以将最后一页中的所有栏设置为等长栏，操作步骤如下：

步骤 1　将插入符置于要设置等长栏的文本结尾位置，如图 4-51 左图所示。

步骤 2　单击"页面布局"选项卡中"页面设置"组中的"分隔符"按钮，在打开的列表中选择"连续"选项，如图 4-51 中图所示，结果如图 4-51 右图所示。

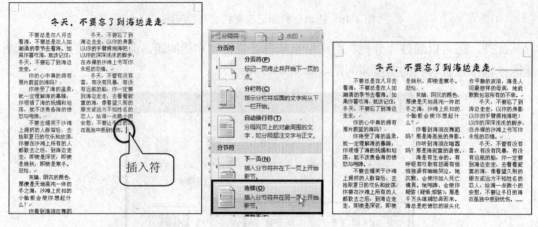

图 4-51　设置等长栏

4.7.5　插入分栏符

一般情况下，文本在分栏版式中的流动总是按照从左至右的顺序进行的，添满一栏后再开始新的一栏。但有时为了强调文档内容的层次感，常常需要将一些重要的段落从新的一栏开始。这种排版要求可以通过在文档中插入分栏符来实现，具体操作步骤如下：

步骤 1　将插入符置于需要插入分栏符的位置，如图 4-52 左图所示。

步骤 2　单击"页面布局"选项卡上"页面设置"组中的"分隔符"按钮，在展开的列表中选择"分栏符"项，如图 4-52 中图所示，效果如图 4-52 右图所示，即插入符后面的内容移到下一栏中。

4.8　上机实践——制作杂志页面

下面我们通过为一杂志页设置分栏排版，然后添加页眉和页脚，来熟悉一下文档的分栏操作及添加页眉和页脚的方法，效果如图 4-53 所示，具体操作步骤如下：

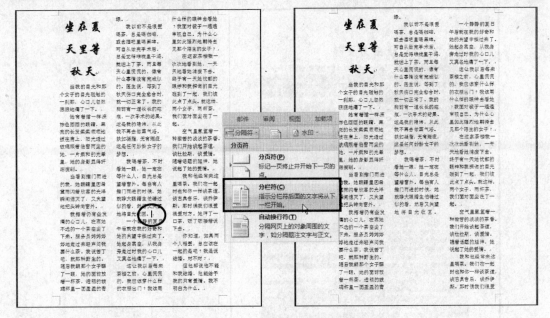

图 4-52　在分栏文档中插入分栏符

图 4-53　制作的杂志页面

步骤 1　打开素材文档"素材与实例"＞"第 4 章"＞"杂志页 1"。选中第一篇文章的的正文，如图 4-54 左图所示。

步骤 2　单击"页面布局"选项卡上"页面设置"组中的"分栏"按钮，在展开的列表中选择"两栏"项，如图 4-54 右图所示。

步骤 3　选中第二篇文章的正文，然后单击"页面布局"选项卡上"页面设置"组中的"分栏"按钮，在展开的列表中选择"更多分栏"项，打开"分栏"对话框。

图 4-54　选择要分栏的文本及栏数

步骤 4　在"预设"区中单击"三栏"项，然后选中"分隔线"复选框，在"宽度和间距"设置区中设置"宽度"为"11 字符"，如图 4-55 所示，然后单击"确定"按钮。

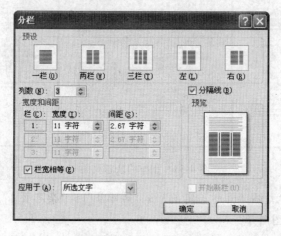

图 4-55　设置分栏选项

步骤 5　将插入符置于文档结尾处，如图 4-56 左图所示，然后单击"页面布局"选项卡中"页面设置"组中的"分隔符"按钮，在打开的列表中选择"连续"选项，如图 4-56 右图所示，为文档设置等长栏。

步骤 6　单击"插入"选项卡上"页眉和页脚"组中的"页眉"按钮，在展开的列表中选择"空白"项，如图 4-57 左图所示。

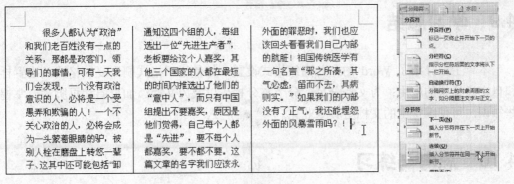

图 4-56　设置等长栏

步骤 7　进入页眉和页脚编辑状态，选中"页眉和页脚工具 设计"选项卡中"选项"组中的"奇偶页不同"复选框，如图 4-57 右图所示。

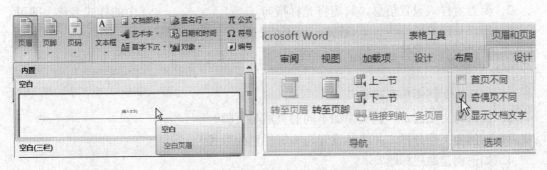

图 4-57　选择页眉样式并选中"奇偶页不同"复选框

步骤 8　分别在奇数页和偶数页中输入页眉内容，如图 4-58 所示。

图 4-58　输入页眉内容

步骤 9　分别在奇数页和偶数页页脚区中插入页码并输入图中所示文本，并输入空格设置对齐，如图 4-59 所示。退出页眉页脚编辑状态后将文档另存为"杂志页"。

图 4-59　设置页脚

4.9　学习总结

　　本章主要介绍了 Word 的一些高级格式设置，如使用"格式刷"复制格式；内置样式和自定义样式的应用；为文档分页、分节与分栏，以及为文档添加页眉和页脚等，掌握这些知识，可使编排出的文档更具专业化。

4.10　思考与练习

一、填空题

1. 常用的样式类型分为_____和_____两种。

2. 要查看样式设置信息，只需将光标指向_____中的样式名称上即可。

3. 用户只能删除_____样式，而不能删除_____样式。

二、简答题

1. 如何为文档添加页码？

2. 如何为文档的奇、偶页添加不同的页眉与页脚？

3. 如何为文档分栏，并将其设置为不等栏宽的版式？

4. 如何创建通栏标题？

三、操作题

1. 创建一个名为"标题 B"的段落样式，字体格式为"华文行楷"，字号为"初号"，段前和段后间距均为"12 磅"，行距为"1.5 倍行距"，对齐方式为"居中"。

2. 打开素材文档"素材与实例" > "第 4 章" > "人要成为自己的主人 1"，然后进行如下操作。

　　（1）将第一段的第一个字的格式设置为"方正剪纸简体"、三号。

　　（2）利用"格式刷"璺将该字符格式应用到第 6~10 段中的首字，然后将文档另存为"人要成为自己的主人"，结果如图 4-60 所示。

3. 打开素材文档"素材与实例" > "第 4 章" > "我是来体验和欣赏的 1"，然后进行如下操作：

　　（1）将正文分成带分隔线的两栏，栏间距为 4 个字符。

　　（2）设置正文为等长栏。

　　（3）在文档页面底端插入"普通数字 2"样式的页码。

　　（4）将文档另存为"我是来体验和欣赏的"，最终效果如图 4-61 所示。

人要成为自己的主人

人只有不拘执于任何事物，才能让自己成为自己的主人。然而，主人的概念却常常异化。在公众场合，有些人总喜欢以主人的姿势自居：

或成瘾坐上首大位，俨俨然一览众山小；

或频繁襟花剪彩，俨俨然历史进程舍之其谁也；

或大声发表高论，俨俨然世界颠峰绝言；

或以种方式显示地位、权势的与众不同。

其实，这些人自我意识太强，自我感觉太好，太过于显现自我，太过于表露自负。

这些人即不可能成为别人的主人，也永远成不了自己的主人。因为他们拘泥物欲，远离达观。一个沉迷于主人梦的人其实就是奴才的化身。在公众场合以主人的姿势自居的不一定是大人物，往往是小人喜欢表演。

人活在天地间，要虚心达观，努力让自己成为自己的主人。人不能也绝不可能成为别人的主人，人是有思维个性的生命，从本质上不愿意受人左右和指使，人永远是自己至高无上的主人。人可能暂时屈服于强权，但灵魂深处顽强地静着的仍然是那双不屈服的心灵之眼。所以，征服一个国家容易，但征服一个民族是不可能的，因此，想做别人的主人，想让人屈服也是不可能的。即使最失败的人也有他曾经的辉煌，即使最凉倒的人也有他保持尊严的底线。不要看不起人，不要欺压人，不要以尊重换尊重，以善良换善良，以暴力换暴力，以伤害换伤害，不要视弱小为可欺，不要视沉默为懦弱。

其实，世界上没有不变的东西，但有些人被物欲迷了七窍，忘记了这个真理。今天你可能在一个井大的地方成了大人物，但切不可忘记天不止一个井大，山外更有青山在，比你更大的人物多的很，你此时的权力名利只是过眼烟云，沧海一粟，明天睁眼时可能又是原来的草根布衣。

生命在于运动，万物在不断变化。俗话说："花无百日红，富不过三代。"有形的东西一定会消失，世界上就没有不变的真理。《碧岩录》中两句禅语道破了天机："山花开似锦，涧水湛如蓝。"山花开放美丽如锦，但凋谢也是很快的，花儿容易凋落，所以才会来年开放。涧水所以清澈，就因为在不停地流动，如果涧水停止流动，就没有湛如蓝可言了。人与自然界一样，只有不断的变化才是永远不变的真理，人也要适应这种变化，作如是观。

人要快乐地活在世界上，就要成为自己的主人，只有这样才能随处作主，立处皆真。

图 4-60　"格式刷"按钮应用示例

我是来体验和欣赏的

悠悠万古情，滔滔江河水，道不尽人世间的春夏秋冬，活洒千秋意，潇潇齐啼泪，写不完精神世界的华彩乐章，孜孜赤子怀，懂懂人生路，述不清理想亚求的激情豪迈，我按章未剥这个世上、着到的都是神秘和惊奇，走人们现的传说，玄妙染上了深染的颜色，幼稚的思维里，我相信大人不讲假话…

日月的无情，真实生活的悲欢离合，醒孔里的现象正在渐渐淡化，意识的怀疑，在否定中形成自己的立场、生活中的秘密，就像千年的衬护，正披影太露醒的外装，露出它神秘的光泽，我从主人们的诱导中走出，从微漂幻梦的思维中分离，从自己曾经肯定的正确中反思，我忽然感到到，反复分辨没有如同道，迷化意识不是最欲，是拿起的东西又缓缓改，所谓的迷惘，只不过是潜意识里存在的方向，精神和感情默铁着生命里的阳光和水分，生活中的苦惜，那才是压制人性腺胀的延迟，我感觉自己是存在的一种生命现象，就像万物破阳圆光追返一样，生是正常的约往，死是自然的落实。

懵懂完整的意识却仍在脑子里的现象，我再不是再伤来解读生活，不用自卑看待生命，不用固执解释世俗，不用简单抽象复杂，一切都是清洁流滴，即当从大自然中寻找，算是从必望中遭求，如果人的生命也和自然界一样，我们存在的目的和意义不是一句空话？是的，也许我们都这样想过，没有结论的方向，才是湮落的地方？可我们并不相信虚幻，不相信虚幻的自我们养大，真实放在眼前，为啥崇拜幻觉？我妈终响亮，千年的古寺，悠扬的钟声，圆满的梵语为唱静吸引那么多人们的目光？是什么力量在疾动，是哪一种精神在召响？

现象，一切都是现象，生命本来就是这样，变化的发展，发展中的存在，沉淀在积累中遭没，埋没又在运动中站起，时代的变迁，大自然的神话都是变化中一个时期的总结，各种救灾在人间的盛行，是它存在的必要和所要的市场，当人们存在的意义转变，长久传统的规动，多少人知道不合理，忍耐、还是忍耐，只就意是在损害心去汉，向往以改变革的方向，无奈变成转换的理由，转接变成自由和欣赏的真正放念，于是人们开才…

如果我们用体验的心理和欣赏的眼光来对应这个世界，也许就看待许多不必要的负担，仇恨、不平、苦难，悲伤在人间沉波的太深太久了，压的人们喘不过气来，自身缺陷带来的进程、自身意识集和所烦、自身认识导致的不满，长期停留在人间，反反复复的生命当成还强的符号，把柔软比喻为不坚强的表现、忠义威孤是心目中的国焰，胆小卑劣是明中郁的对象，互相诽谤无视，互为遭匿、防范意识和自我表现都是呈现，以低思维和行为虚放的持为持身，把生存的获取块义理解为同类之间的拼搏，长久的生存原则，世俗传统的规动，多少人知道不合理，忍耐、还是忍耐，只就意是在损害心去汉，向往以改成变革的方向，无奈变成转换的理由，转接变成自由和欣赏的真正放念，于是人们开才…

始旅行，无论是什么精神振动，始终把体验和欣赏放在首位，思考才存在真实意义。

个人的存在是一次具有意义的生命辉映，体验和欣赏是存在现实把体验及欣赏放在首位，我们没有必要对自己的得失愧欲不怀，也不必把仇恨放在心间不化，用心感受大自然的思想，用慢慢悟万物变化的真正内涵，也许我们那种验过或正在体验，才达成和谐的共识。

图 4-61　分栏示例文档

第5章

文档美化

本章内容提要

章前导读

在文档中插入图片、剪贴画、艺术字和图形，使用项目符号与编号，以及为选定文字或段落添加边框和底纹等，也就是通常所说的美化文档，可使文档形象生动，从而更具有吸引力。本章介绍美化文档的方法及技巧。

5.1 在文档中插入并编辑图片

在文档中插入一张漂亮的图片或剪贴画，可使文档变得形象、生动。与此同时，Word 2007 增强了图片的编辑功能，使得图片处理效果更具专业风范。下面介绍在文档中插入、编辑图片与剪贴画，及设置图片特殊效果的方法。

5.1.1 在文档中插入图片

用户可以将保存在电脑中的图片插入到文档中，图片可通过扫描仪或数码相机获得，也可以从网络驱动器以及 Internet 上获取。

要在文档中插入图片，可按如下步骤进行。

步骤 1 打开要插入图片的文档，将插入符置于要插入图片的位置，单击"插入"选项卡上"插图"组中的"图片"按钮，如图 5-1 所示。

步骤 2 打开"插入图片"对话框，找到要插入的图片，如图 5-2 左图所示，然后单击"插入"按钮。所选图片即以嵌入方式插入到指定位置，如图 5-2 右图所示，功能区中自动显示"图片工具 格式"选项卡。

图 5-1　确定插入符后单击"图片"按钮

图 5-2　选择要插入的图片并将其插入到文档中

若在"插入图片"对话框中单击"插入"按钮右侧的三角按钮，会打开如图 5-3 所示的列表，在此显示了插入图片的三种方式。

➢ **"插入"方式**：单击"插入"命令，图片被"复制"到当前文档中，成为当前文档中的一部分。当保存文档时，插入的图片会随文档一起保存。以后当这个图片文件发生变化时，文档中的图片不会自动更新。

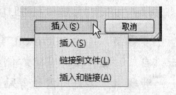

图 5-3　插入方式列表

➢ **"链接到文件"方式**：单击"链接文件"命令，图片以"链接方式"被当前文档所"引用"。这时，插入的图片仍然保存在源图片文件之中，当前文档只保存了这个图片文件所在的位置信息。以链接方式插入图片不会使文档的体积增加许多，也不影响在文档中查看并打印该图片。当提供这个图片的文件被改变后，被"引用"到该文档中的图片也会自动更新。

➢ **"插入和链接"方式**：单击"插入和链接"命令，图片被"复制"到当前文档的同时，还建立了和源图片文件的"链接"关系。当保存文档时，插入的图片会随文档一起保存，这可能使文档的体积显著增大。当提供这个图片的文件发生变化后，文档中的图片会自动更新。

　提　示

还可以利用复制、粘贴命令将其他文档或其他程序中的图片复制到文档中。

5.1.2　在文档中插入剪贴画

Word 2007 中的剪贴画库内容丰富，画面漂亮，操作也方便。如果确定当前要插入剪贴画所属类别，用户可以利用搜索方法插入剪贴画；如果不确定要插入什么类型的剪贴画，则可以从"剪辑库"中插入剪贴画。下面介绍后一种插入方法，具体操作步骤如下：

步骤 1　将插入符定位在要插入剪贴画的地方，单击"插入"选项卡上"插图"组中的"剪贴画"按钮，如图 5-4 左图所示。

步骤 2　打开"剪贴画"任务窗格，单击下方的"管理剪辑"超链接，如图 5-4 右图所示。

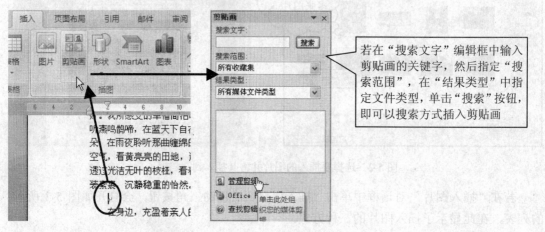

图 5-4　单击"剪贴画"按钮打开"剪贴画"任务窗格

步骤 3　打开 Microsoft 剪辑管理器窗口，在左侧的列表中展开"Office 收藏集"，单击"自然"文件夹，窗口右侧显示该文件夹中的剪贴画，

步骤 4　单击所需的剪贴画，按下鼠标左键不放，将其拖到文档中的指定位置，如图 5-5 所示。

图 5-5　选择剪贴画并插入到文档中

剪贴画与图片的编辑方法相同。

用户也可单击剪贴画右侧的三角按钮，在展开的列表中选择"复制"，如图 5-6 所示，然后将剪贴画粘贴到文档中。

图 5-6 复制剪贴画

5.1.3 调整图片的大小与旋转图片

对于插入到文档中的图片，用户可以根据实际需要调整其大小。方法是：在需要调整大小的图片上单击，图片四周会显示 8 个控制点和 1 个绿色旋转点，移动鼠标指针到图片四角的圆形控制点上，此时鼠标指针变成↗或↖形状，拖动鼠标可等比例地改变图片的大小，如图 5-7 上图所示。若将鼠标指针放置在图片四周边线的正方形控制点上，鼠标指针变成↕或↔形状，拖动鼠标可以改变图片的高度或宽度，如图 5-7 下图所示。

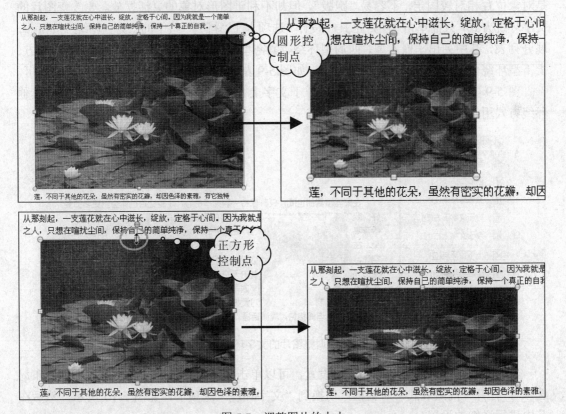

图 5-7 调整图片的大小

在"图片工具　格式"选项卡上"大小"组中的"形状高度" 🗍 和"形状宽度" 🗔
编辑框中直接输入数值并按【Enter】键，可精确调整图片的大小。

将鼠标指针移至图片的绿色控制点上，此时鼠标指针变成旋转形状，按下鼠标左键
并拖动，可旋转图片，如图 5-8 所示。

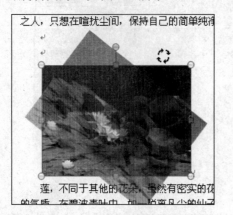

图 5-8　旋转图片

5.1.4　调整图片的文字环绕方式

默认情况下，插入到文档中的图片与文字的环绕方式为"嵌入型"，该环绕方式的优点
是对象位置相对较固定，不容易"跑版"，但却不利于图形对象的灵活摆放。要改变图片的
文字环绕方式，只需单击"图片工具　设计"选项卡上"排列"组中的"文字环绕"按钮，
展开列表，其中列出了嵌入型、四周型环绕、紧密型环绕、衬于文字下方、浮于文字上方、
上下型环绕、穿越型环绕 7 种环绕方式，如图 5-9 左图所示，从中选择一种环绕方式即可。

图 5-9 右图所示为将图片设置为"浮于文字上方"和"衬于文字下方"的效果。其他
环绕方式用户可以自己试试。

图 5-9　调整图片的文字环绕方式

若要对图片进行更为精确的环绕设置，可以单击"文字环绕"列表下方的"更多布局
选项"，打开"高级版式"对话框，切换到"文字环绕"选项卡，如图 5-10 所示，然后在
其中进行详细的设置。

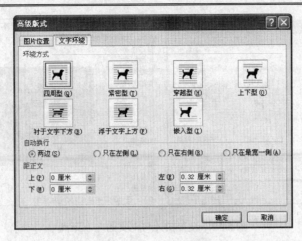

图 5-10　"文字环绕"选项卡

5.1.5　移动图片的位置

将鼠标指针移至图片上方，此时鼠标指针呈形状，按住鼠标左键不放并拖动，即可调整图片在文档中的位置。

默认情况下，图片是以嵌入的方式插入到文档中的，此时图片的移动范围受到限制。若要自由地移动图片，我们需将图片的文字环绕方式设置为浮动（将图片的版式设置为嵌入式以外的任意一种形式），再移动图片的位置。

5.1.6　调整图片与周围文字的距离

将图片设置为"四周型环绕"、"紧密型环绕"、"上下型环绕"或"穿越型环绕"时，还可设置正文与图片上下或左右之间的距离。具体操作如下：

步骤 1　双击图片，然后单击"排列"组中的"文字环绕"按钮，从打开的列表中选择"其他布局选项"，如图 5-11 所示。

图 5-11　选中图片并选择"其他布局选项"

步骤 2　在打开的对话框中单击"文字环绕"选项卡，在"距正文"设置区的"上"、"下"、"左"、"右"编辑框中输入数值，然后单击"确定"按钮即可，如图 5-12 所示。

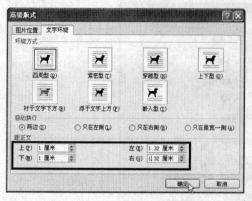

图 5-12　设置图片与正文的左右距离

选择不同的文字环绕方式时，"距正文"设置区中的可用选项会有所不同。

5.1.7　调整图片的亮度与对比度

要调整图片的亮度，可在双击图片后单击"图片工具　格式"选项卡上"调整"组中的"亮度"按钮，展开列表，将鼠标移到相应的选项上，如"+30%"，如图 5-13 右图所示，图片上显示预览效果，单击该选项，结果如图 5-13 左下图所示。

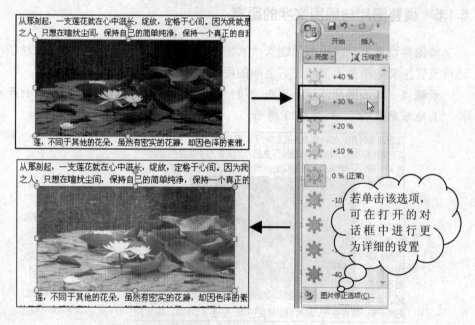

图 5-13　调整图片的亮度

要调整图片的对比度，可选中图片后单击"图片工具　格式"选项卡上"调整"组中的"对比度"按钮，在展开的列表中选择所需选项，如选择"+30%"，如图 5-14 右图所示，结果如图 5-14 左下图所示。

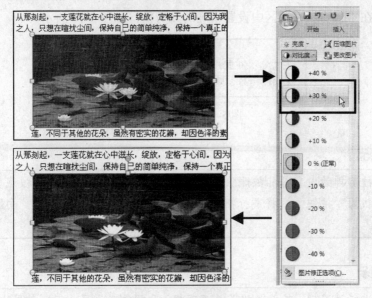

图 5-14 调整图片的对比度

5.1.8 裁剪图片

如果用户只需要插入图片中的某一部分，此时可利用"图片工具　格式"选项卡上"大小"组中的"裁剪"按钮，将图片中不需要的部分裁剪掉，以保留图片有用的部分，具体操作步骤如下：

步骤 1　双击图片进入"图片工具　格式"选项卡，单击"大小"组中的"裁剪"按钮，此时图片周围出现 8 个黑色的裁剪控制点。

步骤 2　将鼠标指针移至文档中，鼠标指针自动变为，将鼠标指针移至图片四角控制点上，鼠标指针变为┌ ┐ ┐ ┘形，当将鼠标指针移到图片边框线中点的控制点时，鼠标指针变为┴ ┬ 形。图 5-15 左图所示为鼠标指针变为┴ 字形时按下鼠标左键向下拖动。

步骤 3　待显示的黑色细线边框到达要保留的图片位置时释放鼠标，完成裁剪后在图片外任意位置单击，得到如图 5-15 右图所示的效果（需要的话，以同样的方式裁剪图片的其他部分）。

图 5-15 裁剪图片

若要对图片进行精确裁剪，可单击"大小"组右下角的对话框启动器按钮，打开"大小"对话框，在"裁剪"设置区中设置精确的裁剪值，如图 5-16 所示。

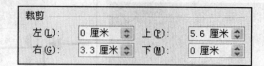

图 5-16　设置裁剪值

图片上被剪掉的内容并非被删除了，而是被隐藏了起来。要显示被裁剪的内容，只需单击"裁剪"按钮，将鼠标指针移至控制点上，按住鼠标左键，向图片外部拖动鼠标即可。

对图片进行设置后，若觉得效果并不理想，希望重新设置，可双击图片，进入"图片工具　格式"选项卡，单击"调整"组中的"重设图片"按钮，可将图片还原为初始状态。

5.1.9　设置图片的外观

为文档中的某些图片增加边框，可以达到一些特殊的效果。若要为图片添加边框，操作步骤如下：

步骤1　双击要添加边框的图片，进入"图片工具　格式"选项卡，单击"图片样式"组中的"图片边框"按钮，在展开的列表中选择边框的粗细样式，如"6 磅"，如图 5-17 左图所示。

步骤2　在"图片边框"下拉列表中选择一种边框颜色，如浅蓝，如图 5-17 中图所示，效果如图 5-17 右图所示。

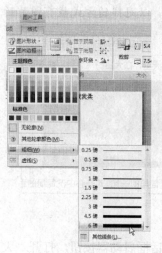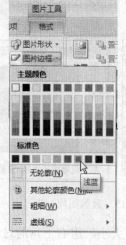

图 5-17　设置图片边框

用户也可直接套用"图片样式"组中系统内置的样式。选中图片，然后单击"图片工具 格式"选项卡上"图片样式"组中的"其他"按钮，在展开的列表中选择一种图片样式，如图 5-18 左图所示，可快速地得到图片风格。图 5-18 右图所示为选择"柔化边缘椭圆"的效果。

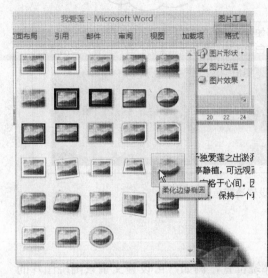 

图 5-18　为图片套用内置图片样式

5.1.10　为图片设置透明色

插入到 Word 文档中部分图片含有底色，将其设置为"浮于文字上方"环绕方式时，底色（例如白色部分）会把文字遮盖住，如图 5-19 所示。若要去除图片底色，显示被遮盖的文字，具体操作如下：

图 5-19　底色遮住文字

步骤 1　双击图片进入"图片工具 格式"选项卡，单击"调整"组中的"重新着色"按钮 ，在展开的列表中选择"设置透明色"，如图 5-20 左图所示。

步骤 2　将鼠标指针移至图片白色部分，此时鼠标指针变为 形状，单击鼠标，即可将图片白色部分转变为透明色，得到如图 5-20 右图所示的效果。

图 5-20 为图片设置透明色

5.1.11 编辑图片的环绕顶点

设置图片的环绕顶点可改变文字与图片的环绕位置，例如，可设置文字只围绕图片的主体摆放。值得注意的是，只有将图片的环绕方式设置为"紧密型环绕"和"穿越型环绕"时，才能使用"编辑环绕顶点"命令。具体操作步骤如下：

步骤 1 将图片设置为"紧密型环绕"或"穿越型环绕"环绕方式后，单击"排列"组中的"文字环绕"按钮，从打开的下拉列表中选择"编辑环绕顶点"，如图 5-21 左图所示。

步骤 2 将鼠标指针移至图片四角的黑色控制点上，当鼠标指针变为 ✥ 时，按下鼠标左键并拖动，改变环绕点位置，如图 5-21 右图所示。

图 5-21 选择"编辑环绕顶点"项改变环绕点位置

步骤 3 将鼠标指针移至图片边线上，当鼠标指针变为 ✢ 时，单击并拖动鼠标增加环绕点，如图 5-22 左图所示。

步骤 4 以同样的方式添加环绕点，或改变环绕点位置，得到如图 5-22 中图所示的效果。

步骤 5 完成环绕点的编辑后在图片外任意位置单击结束操作，得到如图 5-22 右图所示的效果。

图 5-22 添加或编辑环绕顶点

5.2 在文档中使用艺术字

为文字设置格式可以起到美化文档的作用，但在文档中添加艺术字则更具装饰性。同时，在文字的形态、颜色以及版式的设计上，艺术字也更显灵活。

5.2.1 插入艺术字

在 Word 2007 的艺术字库中包含了许多漂亮的艺术字样式，选择所需的样式，输入文字，就可以轻松地在文档中插入艺术字。具体操作步骤如下：

步骤 1 打开要插入艺术字的文档，然后单击"插入"选项卡上"文本"组中的"艺术字"按钮。

步骤 2 打开"艺术字样式"列表，选择一种艺术字样式，如"艺术字样式 14"，如图 5-23 左图所示。

步骤 3 打开"编辑艺术字文字"对话框，输入艺术字文字，如"心净如莲"，如图 5-23 右图所示。

步骤 4 在"字体"下拉列表中选择艺术字的字体，如"方正魏碑简体"，单击"加粗"按钮，然后在"字号"下拉列表中选择一种字号，如 80，如图 5-24 左图所示，单击"确定"按钮，创建的艺术字如图 5-24 右图所示。

图 5-23　选择艺术字样式并输入艺术字

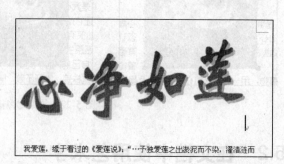

图 5-24　设置艺术字的字符格式

5.2.2　编辑艺术字

插入艺术字后，"艺术字工具　格式"选项卡自动出现，如图 5-25 所示。对插入到文档中的艺术字，用户可以根据实际需要利用该选项卡对其大小、形状、样式、内容等进行编辑，以及为艺术字设置效果。除此之外，由于艺术字是一种图形对象，所以还可以对其设置环绕方式、自由旋转等。

图 5-25　"艺术字工具　格式"选项卡

1.　调整艺术字大小

如果对艺术字的大小调整不要求特别精确，可按如下操作步骤进行。

步骤 1　选中艺术字，此时可以看到在艺术字周围出现了 8 个方形控制点，将光标移到艺术字四个角的任意控制点上，此时鼠标指针变成↖、↗或↕形状，如图 5-26 左上图所示。

步骤 2 按下【Shift】键的同时按住鼠标左键拖动控制点，此时在艺术字上会出现两条虚线，表示改变后的大小，如图 5-26 右上图所示，拖动到所需的大小后释放鼠标，得到调整艺术字尺寸大小后的效果，如图 5-26 下图所示。

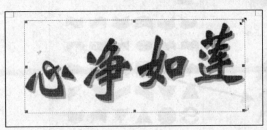 

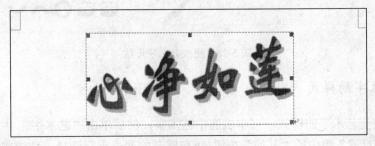

图 5-26 调整艺术字大小

> 按下【Shift】键是为了使艺术字等比例缩放，不致于变形。

若要精确调整艺术字的大小，可在选中艺术字后，在"艺术字工具 格式"选项卡上"大小"组中的"形状高度" 📏 和"形状宽度" 📐 编辑框中直接输入数值并按【Enter】键即可，如图 5-27 所示。

图 5-27 精确调整艺术字大小

2. 调整艺术字的形状

要调整艺术字的形状，可在选中艺术字后，单击"艺术字工具 格式"选项卡上"艺术字样式"组中的"更改艺术字形状"按钮 ▲，在展开的列表中选择一种样式即可，如图 5-28 所示。

> 选中艺术字后，单击"艺术字工具 格式"选项卡上"艺术字样式"组中的"形状填充"按钮 🎨，可改变艺术字的填充颜色；单击"艺术字样式"组中的"形状轮廓"按钮 ✏️，可改变艺术字轮廓的颜色、宽度和线型。

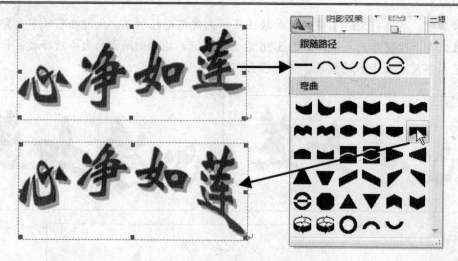

图 5-28　更改艺术字形状

3. 改变艺术字的样式

　　如果要改变艺术字的样式，可单击选中艺术字，然后单击"艺术字工具　格式"选项卡上"艺术字样式"组中的"其他"按钮，在展开的列表重新选择一种样式，如选择"艺术字样式 15"，如图 5-29 所示。

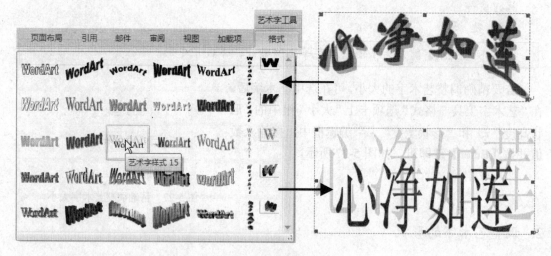

图 5-29　改变艺术字的样式

4. 修改艺术字文字内容和字符格式

　　要修改艺术字文字的内容和字符格式，操作步骤如下：

　　步骤 1　选中艺术字，单击"艺术字工具　格式"选项卡上"文字"组中的"编辑文字"按钮，如图 5-30 所示。

　　步骤 2　在打开的"编辑艺术字文字"对话框中重新输入所需艺术字，并设置其字符格式，如图 5-31 左图所示，然后单击"确定"按钮，效果如图 5-31 右图所示。

单击"间距"按钮,在展开的列表中选择某个选项,可调整当前艺术字的字间距

图 5-30 选中艺术字后单击"编辑文字"按钮

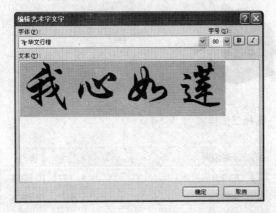

图 5-31 输入艺术字文字并设置其格式

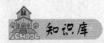 知识库

　　如果艺术字是由大小写字母组合而成,单击"艺术字工具 格式"选项卡上"文本"组中的"等高"按钮 **Aa**,可将选中的艺术字字母设置为相同高度;如果艺术字有多行,可指定艺术字的对齐方式,单击"文本对齐"按钮 ,在弹出下拉列表中选中一种对齐方式;若单击"艺术字竖排文字"按钮 ,可将选中的艺术字竖排,或将竖排文字恢复为横排样式。

5. 设置艺术字的效果

　　Word 2007 为艺术字提供了丰富的阴影和三维效果。要设置艺术字的三维效果,操作步骤如下:

　　步骤 1 选中艺术字,单击"艺术字工具 格式"选项卡上"三维效果"组中的"三维效果"按钮 ,在展开的列表中选择一种三维效果样式,如"平行"中的"三维样式 1",如图 5-32 所示。

　　步骤 2 再次单击"三维效果"按钮,在展开的列表中选择"三维颜色" > "浅蓝",如图 5-33 左上图所示。

　　步骤 3 再次单击"三维效果"按钮,在展开的列表中选择"深度" > "72 磅",如图 5-33 右上图所示,最终效果如图 5-33 下图所示。

　　此外,还可以在该下拉列表中设置艺术字的方向、照明和表面效果。

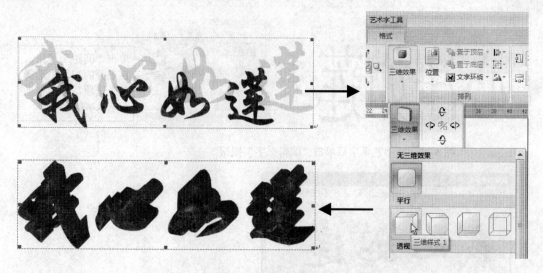

图 5-32　选择三维样式

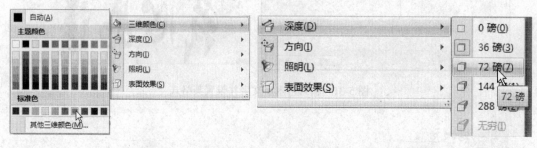

图 5-33　设置艺术字的三维效果

阴影效果的设置方法与三维效果类似。

5.3　上机实践——制作洗发水广告页

下面我们通过制作一则如图 5-34 所示的洗发水广告页，来巩固一下所学知识，如在文档中插入图片和艺术字并进行编辑的方法，具体操作步骤如下：

步骤1　打开素材文档"素材与实例" > "第 5 章" > "洗发水广告"。

步骤2　将插入符置于第 4 行中，然后单击"插入"选项卡上"插图"组中的"图片"按钮，打开"插入图片"对话框。

图 5-34　制作的洗发水广告页

步骤 3　按住【Ctrl】键的同时单击选择本书配套素材第 5 章中的 3 张素材图片，如图 5-35 所示，然后单击"插入"按钮将其插入到文档中。

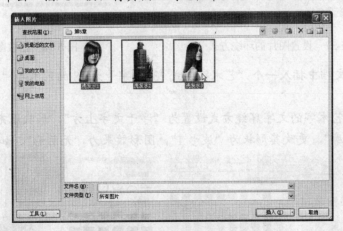

图 5-35　选择要插入的图片

步骤 4　选中"洗发水 3"图片，单击"图片工具　格式"选项卡上"大小"组中的"裁剪"按钮，将其多余白边和下部进行裁剪，结果如图 5-36 右图所示。

图 5-36　裁剪图片

步骤 5　选中"洗发水 3"图片，然后单击"图片工具　格式"选项卡上"排列"组中的"旋转"按钮，在展开的列表中选择"水平翻转"项，如图 5-37 左图所示，将图片水平翻转。

步骤 6　将插入的 3 张图片适当缩小，以符合版面需要。将"洗发水 2"和"洗发水 3"的文字环绕方式设置为"四周型环绕"，如图 5-37 右图所示。

步骤 7　将 3 张图片按如图 5-38 所示的位置进行摆放。

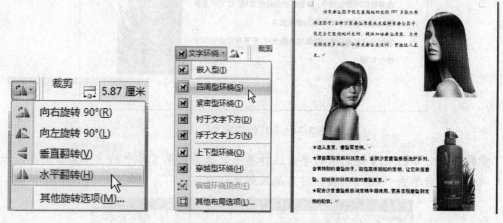

图 5-37　设置图片的环绕方式　　　　图 5-38　摆放图片

步骤 8　在文档中插入一个"艺术字样式 13"、字号为 48 的艺术字"沙宣垂坠质感洗发露"。

步骤 9　将艺术字的文字环绕方式设置为"浮于文字上方"，形状填充为"绿色"，形状轮廓为"无轮廓"，更改其形状为"波形 1"，阴影效果为"无阴影"，如图 5-39 所示。

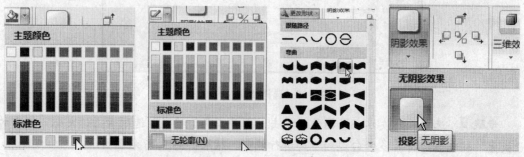

图 5-39　编辑艺术字

步骤 10 调整艺术字的大小，以符合版面，然后另存文档，最终效果如图 5-34 所示。

5.4 在文档中插入图形

在实际工作中，经常需要在文档中插入一些图形。利用 Word 2007 "插入" 选项卡上 "插图" 组中的 "形状" 工具，用户可轻松、快速地绘制出效果生动的图形。

5.4.1 绘制图形

要在文档中绘制图形，可单击 "插入" 选项卡上 "插图" 组中的 "形状" 按钮，在展开的列表中选择一种形状，然后在文档中单击鼠标或拖动鼠标绘制图形。例如，要绘制一个笑脸图形，操作步骤如下：

步骤 1 单击 "插入" 选项卡上 "插图" 组中的 "形状" 按钮，在展开的列表中选择 "基本形状" 区中的 "笑脸" 选项，如图 5-40 左图所示。

步骤 2 在文档中按住鼠标左键并拖动，到合适大小后释放鼠标，即可绘制一个笑脸图形，如图 5-40 右图所示，此时自动显示 "绘图工具 格式" 选项卡。

 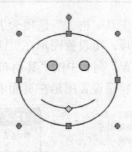

图 5-40 绘制图形

 提 示

在 "形状" 列表中选择某些形状后，直接在文档编辑区域中单击，可创建宽、高值均为 2.54 厘米的特殊图形。

 提 示

绘制图形时，按住【Shift】键拖动鼠标，可等比例绘制图形。绘制直线时，按住【Shift】键拖动鼠标，可限制此直线与水平线的夹角为 15°、30°、45°。

5.4.2 调整图形

在文档中绘制图形后，用户可以对其位置、大小及形状进行调整，以符合实际需要。

1. 调整图形位置

在 Word 2007 中，绘制的图形是浮于文字上方的，因此可以在文档中随意调整它的位置。方法是：将鼠标指针移至图形上方，此时鼠标指针变为形状，如图 5-41 左图所示，按下鼠标左键并拖动，在拖动的过程中用虚线显示拖动到的位置，释放鼠标即可将图形移到新的位置。

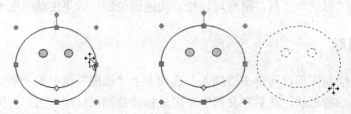

图 5-41 设置图形位置

> 若在移动图形时按下【Shift】键，可限制图形只能沿水平或垂直方向移动。若在移动图形时按下【Ctrl】键，即可将选定的图形复制到一个新的位置。

单击"绘图工具 格式"选项卡上"排列"组中的"位置"按钮，然后在展开的列表中选择某个选项，可设置图形在页面的位置，如图 5-42 左图所示。

若单击"位置"列表中的"其他布局选项"，在打开的"高级版式"对话框的"图片位置"选项卡中可精确设置图形在页面中的位置，如图 5-42 右图所示。

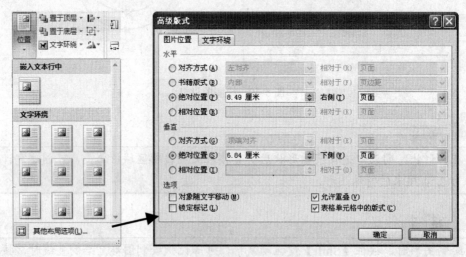

图 5-42 调整图形在页面的位置

2. 调整图形的大小

选择要调整大小的图形，将鼠标指针移至图形周围的控制点上，待鼠标指针变为形状时，单击并拖动这些控制点，即可调整图形的大小，如图 5-43 所示。

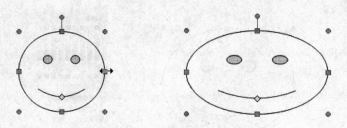

图 5-43　调整图形大小

若要精确调整图形的大小，可在双击图形后在"绘图工具　格式"选项卡上"大小"组中的"形状高度"和"形状宽度"编辑框中输入具体数值，如图 5-44 所示。

图 5-44　精确调整图形的大小

3．调整图形的形状

在绘制的图形中，当选中某些图形时，该图形周围会出现一个或多个黄色的菱形块，这些菱形块称为图形的调整控制点，拖动这些调整控制点，可对图形形状进行更改，如图 5-45 所示。

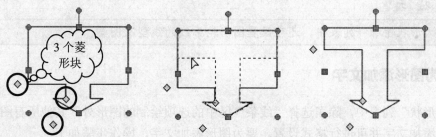

图 5-45　改变图形的形状

5.4.3　调整图形的颜色与线条

默认情况下，绘制图形的线条为黑色单实线，填充颜色为白色。若要改变图形的填充颜色与线条，可按如下步骤操作：

步骤1　双击所绘图形，然后单击"绘图工具　格式"选项卡上"形状样式"组中"形状填充"按钮 右侧的三角按钮，在展开的列表中选择一种填充颜色，如图 5-46 所示。

提　示

在"形状填充"列表中，还可为图形填充图片、渐变、纹理和图案等。

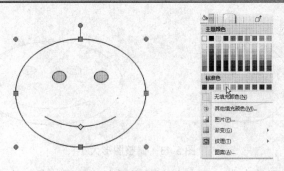

图 5-46　选择填充颜色

步骤 2　单击"形状轮廓"按钮 右侧的三角按钮，在展开的列表中选择一种轮廓颜色及轮廓粗细，如图 5-47 左图和中图所示，结果如图 5-47 右图所示。

图 5-47　设置图形的线条颜色与线条粗细

提 示

在"形状轮廓"列表中，还可设置图形轮廓线的线型及图案。

5.4.4　为图形添加文字

在"形状"列表中，除了选择"线条"区中的选项绘制的图形外，其他所有图形都允许向其中添加文字并可进行格式设置。要为图形添加文字，操作步骤如下：

步骤 1　右击图形，在弹出的快捷菜单中选择"添加文字"项，如图 5-48 左图所示。

步骤 2　此时光标在图形中闪烁，然后输入文字即可，如图 5-48 右图所示。

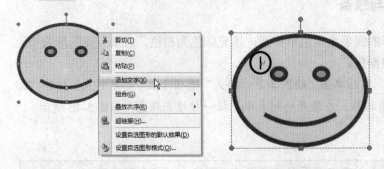

图 5-48　在图形中添加文字

步骤 3 选中添加文字的图形，利用设置正文字符和段落格式的方法即可设置图形内文字的格式，如图 5-49 所示。

图 5-49 设置文字的格式

 提 示

若要改变图形中文字的方向，可在选中图形后，单击"文本"组中的"文本方向"按钮 文字方向。

5.4.5 组合图形

当在文档中的某个页面上绘制了多个图形时，为了统一调整其位置、尺寸、线条和填充效果，可将它们组合为一个图形单元。具体操作步骤如下：

步骤 1 单击选中第一个图形，然后按下【Shift】键单击其他要参与组合的图形，或单击"开始"选项卡上"编辑"组中的"选择"按钮，在展开的列表中选择"选择对象"项，然后将鼠标指针移到要选定图形区域的一角，单击并沿对角线方向拖动鼠标，当把所有选定图形全部框住后，如图 5-50 左图所示，释放鼠标即可选中框内图形，如图 5-50 右图所示。

图 5-50 选择要组合的图形

步骤 2 单击功能区上"排列"组中的"组合"按钮 组合，在展开的列表中选择"组合"，如图 5-51 左图所示，即可将所选图形组合为一个图形单元，如图 5-51 右图所示。

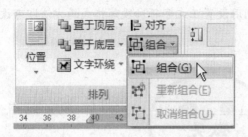

图 5-51　组合图形

也可右击选中的图形，在弹出的快捷菜单中选择"组合" > "组合"项来组合图形。
要取消组合，可右击组合图形，在弹出的快捷菜单中选择"组合" > "取消组合"项。

5.4.6　为图形增加阴影与三维效果

利用"绘图工具　格式"选项卡上"阴影效果"和"三维效果"组中的按钮，可以为图形增加阴影和三维效果。具体操作步骤如下：

步骤1　双击要设置阴影和三维效果的图形，然后单击"绘图工具　格式"选项卡上"阴影效果"组中的"阴影效果"按钮，在展开的列表中选择一种阴影样式，如图 5-52 所示。

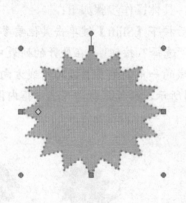

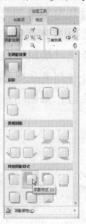

图 5-52　选择阴影样式

步骤2　再次单击"阴影效果"按钮，在展开的列表中选择"阴影颜色" > "橙色"，如图 5-53 左图所示，为阴影设置颜色，效果如图 5-53 右图所示。

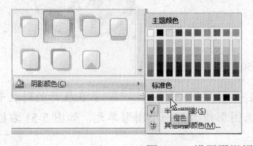

图 5-53　设置阴影颜色

利用"阴影效果"组右侧的按钮，可调整阴影的位置或删除阴影效果。

步骤 3　单击"三维效果"按钮，在展开的列表中选择一种三维样式，可为图形设置三维效果，如图 5-54 所示。

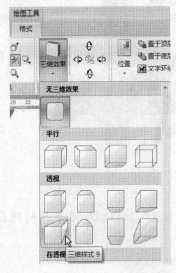

图 5-54　为图形设置三维效果

步骤 4　选择"三维效果"列表中下方的相应选项，可以设置图形的三维颜色、深度等，如图 5-55 所示。

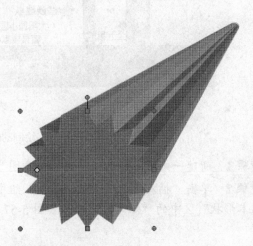

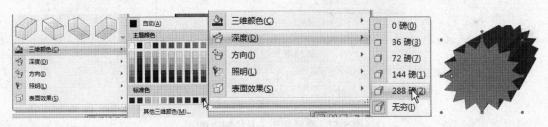

图 5-55　设置三维颜色和深度

利用"三维效果"组右侧的按钮，可调整三维效果的位置或删除三维效果。

5.5　上机实践——绘制俱乐部示意图

下面我们通过制作一个浩沙健身俱乐部分店示意图，效果如图 5-56 所示，巩固一下上面所学的知识，操作步骤如下。

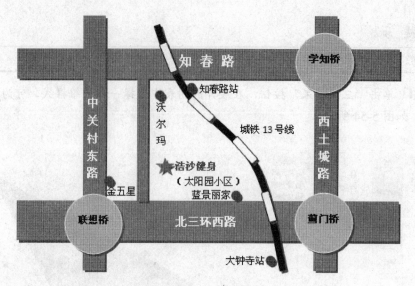

图 5-56　绘制的示意图

步骤 1　新建一文档，将其保存为"示意图"。

步骤 2　单击"插入"选项卡上"插图"组中的"形状"按钮，在展开的列表中选择"基本形状"区中的"矩形"选项，如图 5-57 所示。

图 5-57　选择矩形工具绘制矩形

步骤 3　在文档中单击鼠标并拖动，绘制一个矩形，如图 5-58 左图所示。此时，功能区中自动出现"绘图工具　格式"选项卡。

步骤 4　在"大小"组中输入形状的高度和宽度值并按回车键，如图 5-58 右图所示，调整所绘形状的大小。

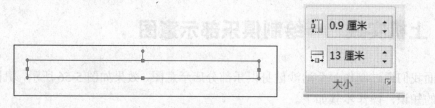

图 5-58　设置图形的位置和大小

步骤5 单击"形状样式"组中"形状填充"按钮 右侧的三角按钮，在展开的列表中选择一种颜色，如"橙色，强调文字颜色6，深色25%"，如图5-59左图所示。

步骤6 单击"形状样式"组中的"形状轮廓"按钮 右侧的三角按钮，在展开的列表中选择形状的轮廓颜色，如"橙色，强调文字颜色6，深色25%"，这样轮廓颜色就与填充颜色一致了，效果如图5-59右图所示。

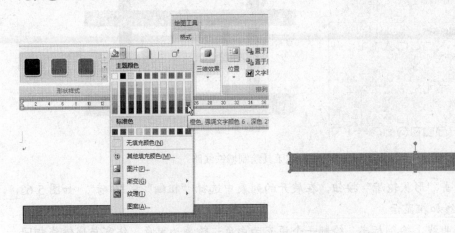

图 5-59 设置形状的填充和轮廓颜色

步骤7 按住【Ctrl】键的同时单击并拖动所绘图形，复制图形，如图5-60左图所示，然后单击"排列"组中的"旋转"按钮，在展开的列表中选择"向右旋转90°"，如图5-60右图所示，将复制的图形向右旋转90°。

图 5-60 复制并旋转图形

步骤8 根据需要在"大小"组中改变形状的高度和宽度，并将其放置在如图5-61左图所示的位置。

步骤9 按住【Ctrl】+【Shift】键的同时单击并拖动复制的图形，将其进行复制并平移到如图5-61中图所示的位置。利用同样的方法绘制其他两条道路示意图，结果如图5-61右图所示。

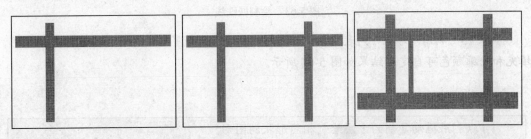

图 5-61 复制形状到适当位置作为路线

步骤 10 在"形状"列表中选择"线条"区中的"曲线"工具，如图 5-62 左图所示，在矩形区域左上方单击，确定曲线的起点，然后移动鼠标，在要转折的位置单击，确定转折点，然后继续拖动鼠标进行绘制，在终点位置双击结束绘制曲线，如图 5-62 右图所示。

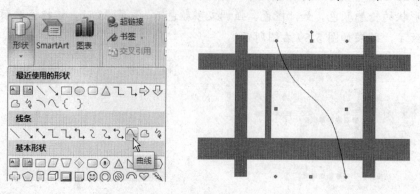

图 5-62 利用曲线工具绘制城铁线路

步骤 11 单击"形状轮廓"按钮，在展开的列表中选择"粗细"＞"6 磅"，如图 5-63 左图所示，将曲线加粗显示。

步骤 12 在曲线上绘制标志。绘制一个填充为白色、轮廓为黑色、线宽与城铁线相同的圆角矩形，并适当旋转放置在曲线上，如图 5-63 右上图所示，然后复制多个矩形，依次摆放在曲线上，效果如图 5-63 右下图所示。

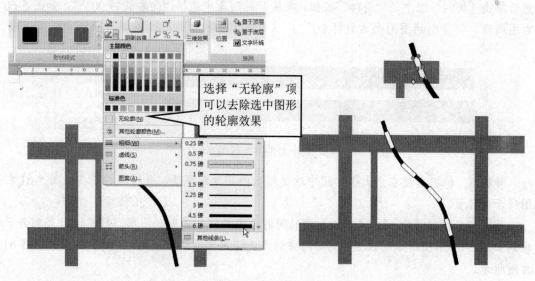

图 5-63 绘制城铁线

步骤 13 利用"形状"列表中的"椭圆"工具和"五角星"工具绘制其他标志性图形，填充和轮廓颜色可自定，结果如图 5-64 所示。

可以利用拖动复制的方法绘制相同形状的图形。

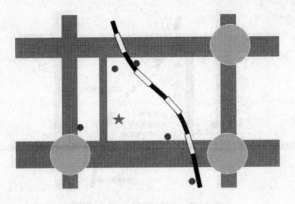

图 5-64 绘制其他标志性图形

步骤 14 下面为示意图添加说明文字。右击要添加文字的图形，在弹出的菜单中选择"添加文字"，如图 5-65 左图所示，然后在图形中输入文字，并利用浮动工具栏设置文字的格式，结果如图 5-65 右下图所示。

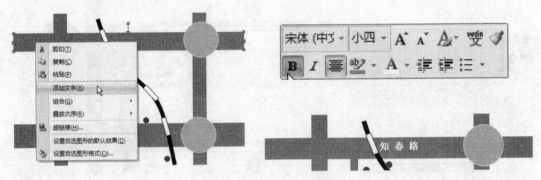

图 5-65 在图形中添加文字

步骤 15 用同样的方法为其他图形添加文字并设置格式，效果如图 5-66 左图所示。

步骤 16 在其他标志性图形旁绘制一矩形并添加文字，在"形状填充"列表中选择"无填充颜色"，在"形状轮廓"列表中选择"无轮廓"，结果如图 5-66 右下图所示。

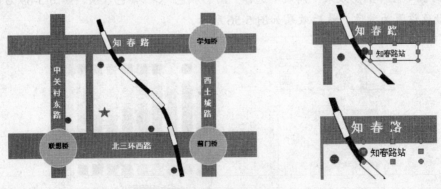

图 5-66 为标志性图形添加文字

步骤 17 将该图形复制到其他需要添加文字的地方并修改内容，示意图就制作好了，效果如图 5-67 所示。

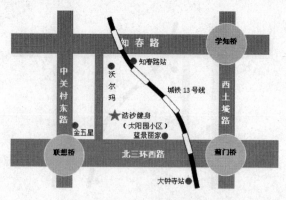

图 5-67　添加文字后的示意图

步骤18　单击"开始"选项卡上"编辑"组中的"选择"按钮，在展开的列表中选择"选择对象"，如图 5-68 左图所示，然后选中所有绘制的图形并右击，在弹出的快捷菜单中选择"组合" > "组合"项，如图 5-68 右图所示，将所绘图形组合。

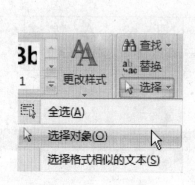

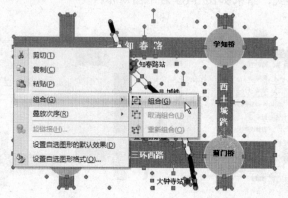

图 5-68　组合图形

步骤19　单击"绘图工具　格式"选项卡上的"阴影效果"按钮，在列表中选择一种阴影，如"阴影样式 5"，如图 5-69 左图所示。

步骤20　在"阴影效果"列表中选择"阴影颜色" > "紫色"项，如图 5-69 右图所示，将阴影颜色设置为紫色，最后效果如图 5-56 所示。

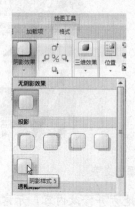

图 5-69　为图形添加阴影效果

5.6 插入文本框

　　文本框也是 Word 的一种绘图对象。用户可在文本框中方便地输入文字、放置图形等对象，并可将文本框放在页面上的任意位置。

5.6.1 插入内置文本框

　　要在文档中插入内置文本框，可单击"插入"选项卡上"文本"组中的"文本框"按钮，在展开的列表中选择"内置"设置区的某种文本框样式，如"简单文本框"，即可在文档中插入所选文本框，此时只需修改文本框中的文字就可以了，如图 5-70 所示。

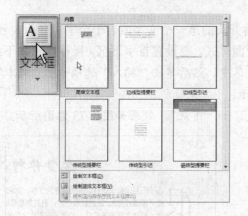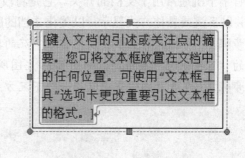

图 5-70　插入内置文本框

5.6.2 绘制文本框

　　根据文本框中文本的排列方向，可以绘制两种类型的文本框——"横排"和"竖排"。要绘制文本框，可在"文本框"列表中选择底部的"绘制文本框"或"绘制竖排文本框"项，将鼠标指针移至文档，鼠标指针自动变为十字形状十，在文档中按下鼠标左键并拖动，到合适大小后释放鼠标，完成文本框的绘制，然后直接在其中输入文本或添加图形即可，如图 5-71 所示。

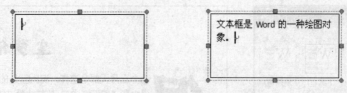

图 5-71　绘制文本框

　　文本框创建完成，我们还可通过"文本框工具　格式"选项卡对文本框的边框样式、阴影、三维、排列、大小和文本框内的文字方向等进行设置，设置方法与插入的形状相似，此处不予赘述。图 5-72 右图所示是将文本框套用"纯色填充，复合型轮廓-强调文字颜色 3"文本框样式，将其形状改为"流程图：文档"后的效果。

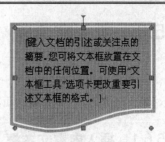

纯色填充，复合型轮廓 - 强调文字颜色 3

图 5-72　设置文本框效果

5.7　设置首字下沉

首字下沉通常用于文档的开头。它是将段落开头的第一个文字或若干个字母变为大号字，并以下沉或悬挂方式显示，以美化文档的版面样式。要设置首字下沉，操作步骤如下：

步骤1　将插入符置于要设置首字下沉的段落中，然后单击"插入"选项卡上"文本"组中的"首字下沉"按钮，如图 5-73 左图所示。

步骤2　在展开的列表中选择一种下沉方式，如"下沉"，效果如图 5-73 右图所示。

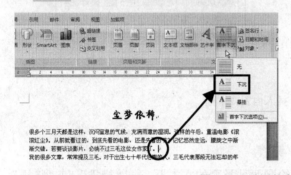
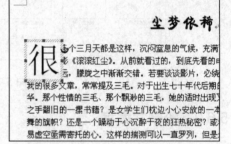

图 5-73　设置首字下沉效果

若要对首字下沉文字做更为详细的设置，可确定插入符后在"首字下沉"列表中选择底部的"首字下沉选项"，打开"首字下沉"对话框，然后在其中选择下沉方式，设置下沉文字的字体、下沉行数和距正文的距离后单击"确定"按钮，得到效果，如图 5-74 所示。

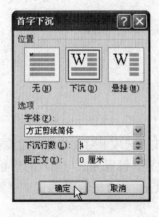
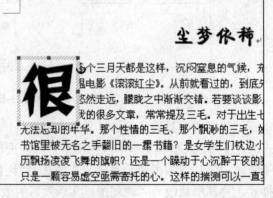

图 5-74　设置下沉选项

5.8 使用项目符号和编号

使用项目符号和编号可以准确地表达内容的并列关系、从属关系以及顺序关系等。Word 2007 具有自动添加项目符号和编号的功能，用户可以使用在键入时自动产生的项目符号或段落编号，也可以在输入完成后手动添加。

5.8.1 使用项目符号

1. 自动添加项目符号

在编辑文档的过程中，若段落是以"➤"、"●"等字符开始，在按下【Enter】键开始一个新的段落时，Word 会按上一段落的项目符号格式自动为新的段落添加项目符号或编号，如图 5-75 所示。也就是说，Word 具有为段落自动编号的功能。若连续按下两次【Enter】键，可中断自动编号。

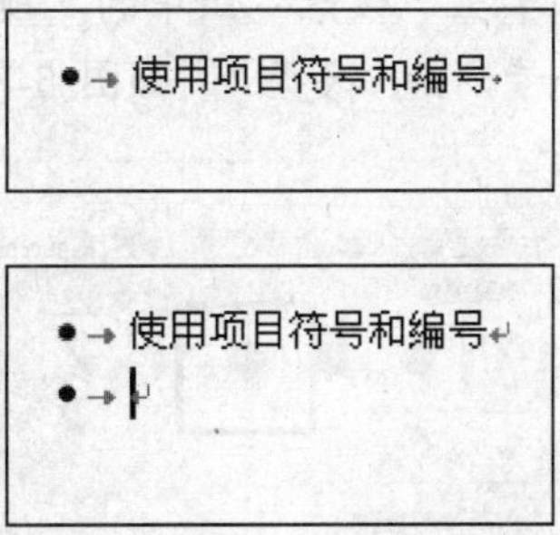

● → 使用项目符号和编号

● → 使用项目符号和编号
● →

图 5-75 自动添加项目符号或编号

若不想使用自动项目符号功能，可以将其取消。方法是：单击"Office 按钮"，在展开的菜单中单击"Word 选项"按钮，在打开的对话框中单击左侧的"校对"项，再单击右侧的"自动更正选项"按钮，打开"自动更正"对话框，在"键入时自动套用格式"选项卡中取消"自动项目符号列表"的选中标记，如图 5-76 所示。

2. 手动添加项目符号

在输入完文本后，选中要添加项目符号的段落，单击"开始"选项卡上"段落"组中的"项目符号"按钮 右侧的三角按钮，在展开的列表中选择一种项目符号样式，即可为所选段落添加项目符号。具体操作步骤如下：

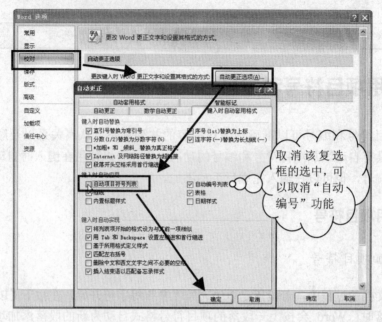

图 5-76　取消自动项目符号功能

步骤 1　在文档中选中要添加项目符号的段落，如图 5-77 左图所示。

步骤 2　单击"开始"选项卡上"段落"组中的"项目符号"按钮 右侧的三角按钮，在展开的列表中选择项目符号，如"菱形"，如图 5-77 中图所示，即可为所选段落添加项目符号，如图 5-77 右图所示。

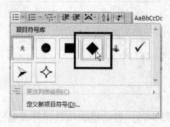

图 5-77　为段落添加项目符号

单击"开始"选项卡上"段落"组中的"项目符号"按钮，可以为选定段落加上系统默认的项目符号。

5.8.2　使用编号

要在文档中为段落加上编号，操作步骤如下：

步骤 1　选中要添加编号的段落，如图 5-78 左图所示。

步骤 2　单击"开始"选项卡上"段落"组中的"编号"按钮 或单击"编号"按钮右侧的三角按钮，在展开的编号列表中选择一种数字编号样式，即可为所选段落添加默认或所选的编号样式，如图 5-78 右图所示。

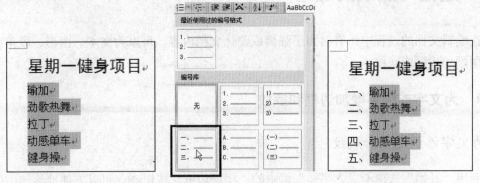

图 5-78 为段落添加编号

5.8.3 修改项目符号和编号

如果用户对系统预定的项目符号和编号不满意，还可以为段落设置自定义的项目符号和编号。方法是：选中要修改项目符号或编号样式的段落，选择"项目符号"列表底部的"定义新项目符号"项或"编号"列表中的"定义新编号格式"项，在打开的对话框中根据需要进行设置即可，如图 5-79 和图 5-80 所示。

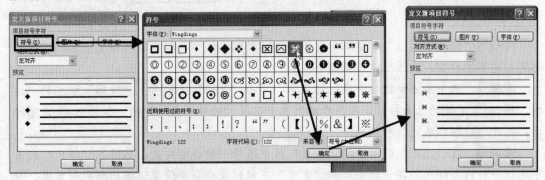

图 5-79 定义新项目符号

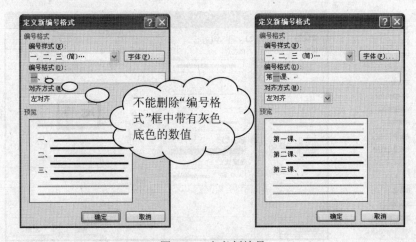

不能删除"编号格式"框中带有灰色底色的数值

图 5-80 定义新编号

5.9 边框与底纹的运用

在编辑文档的过程中，有时为了强调或美化文档内容，可以为文本、图形、段落或整个页面添加边框或底纹。

5.9.1 为文字或段落增加边框和底纹

1. 为文字添加边框和底纹

利用"开始"选项卡上"字体"组中的"字符边框"按钮，可以方便地给选中的一个或多个文字添加单线边框。而利用"字符底纹"按钮，即可为选中的一个或多个文字添加系统默认的灰色底纹。图 5-81 所示是使用这两个按钮为所选文字添加单线边框和默认底纹的效果。

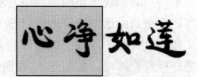

图 5-81 为文字添加边框和底纹

而利用"边框和底纹"对话框，可以对边框类别、线型、颜色、线条宽度和底纹颜色等进行更多的设置。具体操作步骤如下：

步骤 1 选中要添加边框和底纹的文本，单击"开始"选项卡上"段落"组中的"边框"按钮右侧的三角按钮，在展开的列表中选择"边框和底纹"项，如图 5-82 左图所示，打开"边框和底纹"对话框。

步骤 2 在"边框"选项卡的"设置"区中选择一种边框样式，然后在"样式"列表中选择一种线型样式，在"颜色"和"宽度"下拉列表中分别设置边框的颜色和宽度，如图 5-82 右图所示。

图 5-82 选择"边框和底纹"项、设置边框选项

步骤3　单击"底纹"选项卡，在"填充"下拉列表中选择一种填充颜色，如图 5-83 左图所示。

步骤4　设置完毕单击"确定"按钮，效果如图 5-83 右图所示。

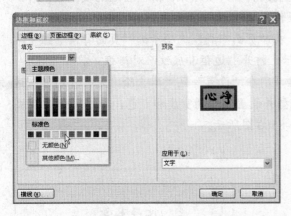
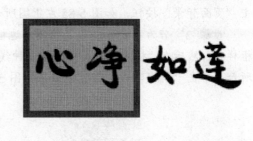

图 5-83　为文字添加底纹

2. 为段落添加边框和底纹

为段落添加边框和底纹与为文字添加边框和底纹的方法相同，所不同的是需在"边框和底纹"对话框的"应用于"下拉列表中选择"段落"选项，如图 5-84 上图所示。图 5-84 下图所示为将图 5-84 上图的设置应用于段落的效果。

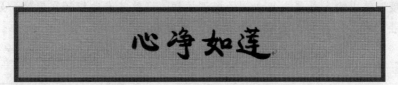

图 5-84　为段落添加边框和底纹

 提 示

若单击"边框"选项卡"预览"窗口中的左、右、上、下边框按钮，可增加或删除相应位置的段落边框。

5.9.2 为页面增加边框

在页面周围添加边框，可以获得更为生动的页面外观效果。除了普通的线型边框外，我们还可以为页面添加艺术型边框。具体操作步骤如下：

步骤 1 打开要添加页面边框的文档，在"页面布局"选项卡的"页面背景"组中单击"页面背景"按钮，如图 5-85 左上图所示，打开"边框和底纹"对话框。

步骤 2 若为页面添加普通的线型边框，则在"设置"区中单击除"无"外的任何边框样式，然后在"样式"列表中选择一种线型并设置线型的宽度和颜色，如图 5-85 左下图所示，单击"确定"按钮即可，效果如图 5-85 右图所示。

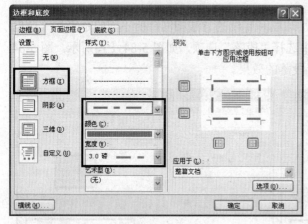

图 5-85 为页面添加普通线型边框

步骤 3 若为页面添加艺术型边框，则在"艺术型"下拉列表中选择一种艺术边框，然后在"宽度"值中输入或单击其右侧的微调按钮，调整艺术边框的宽度值，如图 5-86 左图所示，单击"确定"按钮，效果如图 5-86 右图所示。

 提 示

通常情况下，在文档中添加的页面边框会应用于整篇文档。若要在一个文档中应用不同的页面边框，我们可对文档内容分节，然后在"边框和底纹"对话框的"应用于"下拉列表中选择页面边框应用的范围。

若要指定页面中边框的确切位置，则单击"选项"按钮，然后在打开的对话框中设置所需选项，如"测量基准"是相对于"页面"还是"文字"，然后确定即可。

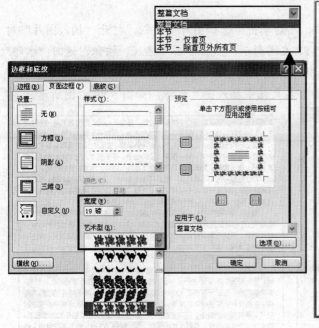

图 5-86 为页面添加艺术边框

5.9.3 为文档增加水印

水印是一种特殊的底纹。用户可以使用 Word 内置的水印，也可以设置自己喜欢的水印。要为文档添加水印，操作步骤如下：

步骤 1 打开要添加水印的文档，单击"页面布局"选项卡上"页面背景"组中的"水印"按钮 ，如图 5-87 左图所示。

步骤 2 在展开的列表中选择一种系统内置的水印样式，如"严禁复制 1"，即可为文档添加水印，如图 5-87 右图所示。

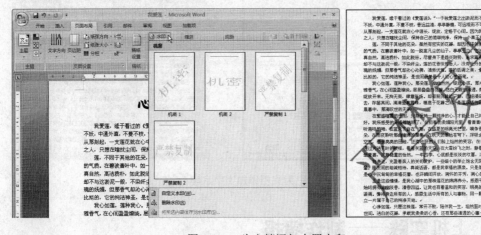

图 5-87 为文档添加内置水印

步骤 3 若想为文档添加文字或图片水印，可在"水印"列表中选择"自定义水印"

项，打开"水印"对话框。

步骤4 选中"图片水印"单选钮，然后单击"选择图片"按钮，打开"插入图片"对话框，选择要作为水印的图片，如图5-88左图所示，然后单击"插入"按钮，返回"水印"对话框，图片名称显示在"水印"对话框中，为了使读者看到明显的水印效果，取消"冲蚀"复选框的选中，单击"确定"按钮，即可在文档中插入图片水印，如图5-88右图所示。

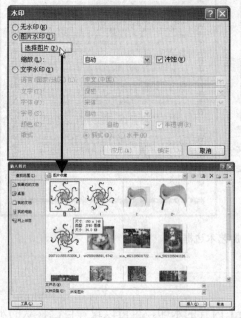

图 5-88 为文档添加图片水印

步骤5 若选中"文字水印"单选钮，然后进行"文字"、"字体"、"字号"、"颜色"和"版式"等设置，最后单击"确定"按钮，即可为文档添加文字水印，如图5-89所示。

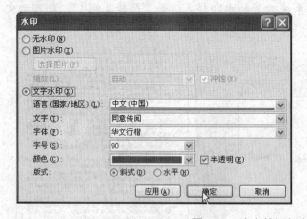

图 5-89 为文档添加文字水印

5.10 上机实践——制作墙报

下面我们通过制作一则简单的墙报，效果如图5-90所示，来熟悉一下为段落添加边框和底纹、为段落添加编号、为页面添加艺术边框以及在文档中插入图片并设置其样式的方法，具体操作步骤如下：

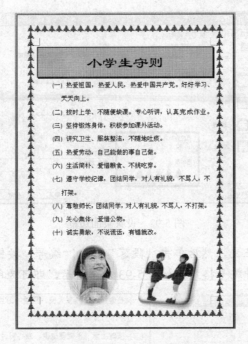

图 5-90　制作的墙报

步骤1　打开素材文档"素材与实例">"第 5 章">"小学生守则 1"。

步骤2　将插入符置于第一行的标题文本中，然后单击"开始"选项卡上"段落"组中"边框"按钮右侧的三角按钮，在展开的列表中选择"边框和底纹"项，打开"边框和底纹"对话框。

步骤3　在"边框"选项卡中选择"阴影"，设置线条颜色为"深红"，宽度为 3 磅，在"应用于"下拉列表中选择"段落"，如图 5-91 左图所示。

步骤4　在"底纹"选项卡中设置底纹填充色为"橙色"，在"应用于"下拉列表中选择"段落"，如图 5-91 右图所示。

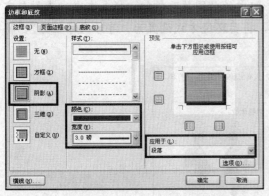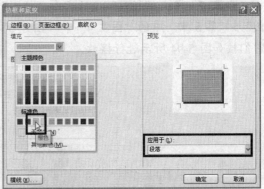

图 5-91　设置边框的底纹选项

步骤 5 单击"页面边框"选项卡，在"艺术型"下拉列表中选择一种艺术边框，然后设置"宽度"值为"16 磅"，如图 5-92 所示，设置完毕单击"确定"按钮。

图 5-92 设置页面边框

步骤 6 选中所有正文，然后单击"段落"组中"编号"按钮 右侧的三角按钮，在展开的列表中选择一种编号格式，如图 5-93 左图所示，即可为所选段落添加编号。

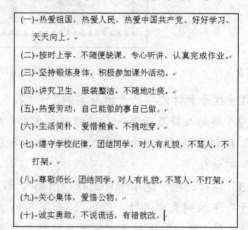

图 5-93 为段落添加编号

步骤 7 单击"插入"选项卡上"插图"组中的"图片"按钮，插入本书"素材与实例" > "第 5 章"中的"图片 4"和"图片 5"，将其环绕方式设置为"浮于文字上方"，将它们按如图 5-94 所示进行摆放。

图 5-94 排列图形

步骤 8 选中左侧图片，单击"图片工具 格式"选项卡上"图片样式"列表中的"其他"按钮，在展开的列表中选择"柔化边缘椭圆"项，如图 5-95 左图所示。

步骤 9 选中右侧图片，在"图片样式"列表中选择"棱台透视"项，如图 5-95 右图所示，然后适当缩放图片，以符合版面，最终效果如图 5-90 所示。

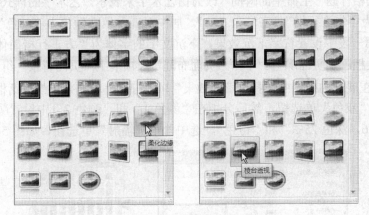

图 5-95　设置图片样式

5.11　学习总结

本章介绍了在文档中使用艺术字、插入和编辑图片、剪贴画，在文档中绘制和编辑图形、在文档中插入文本框、为段落设置首字下沉、在文档中使用项目符号和编号，以及为文字、段落以及页面添加边框和底纹等知识，了解和掌握这些知识，就能制作出图文并茂、精彩纷呈、极具吸引力的文档。

5.12　思考与练习

一、填空题

1. 用户可以将保存在电脑中的图片插入到文档中，图片可通过_____或_____获得，也可以从网络驱动器以及 Internet 上获取。

2. 插入艺术字后，用户可以根据实际需要利用_____选项卡对其大小、形状、样式、内容等进行编辑，以及为艺术字设置效果。

3. 在移动图形时按下_____键，可限制图形只能沿水平或垂直方向移动。若在移动图形时按下_____键，即可将选定的图形复制到一个新的位置。

4. 根据文本框中文本的排列方向，可以绘制两种类型的文本框——_____和_____。

5. 用户可以使用 Word 2007 的自动添加项目符号和编号功能，在_____时自动产生项目符号或段落编号，也可以在_____后手动添加。

6. 在为文字或段落添加边框或底纹时，利用_____对话框，可以对边框类别、线型、颜色、线条宽度和底纹颜色等进行更多的设置。

二、操作题

1．打开素材文档"素材与实例">"第 5 章">"生命中的瞬间"，然后进行如下操作：

（1）将正文内容分两栏排版。

（2）将文档标题"生命中的瞬间"改为用艺术字来表示。艺术字的样式为"艺术字样式 17"、字体为"华文行楷"、字号为"54"，居中对齐，填充颜色为"红色"。

（3）在第一段中设置首字下沉效果，下沉文字的字体为"方正行楷简体"。

（4）为文档添加页面颜色。单击"页面布局"选项卡上"页面背景"组中的"页面颜色"按钮，在展开的列表中选择"填充效果"项，打开"填充效果"对话框，在"渐变"选项卡中选中"双色"单选钮，然后分别在"颜色 1"和"颜色 2"中设置颜色为"橙色，强调文字颜色 6，深色 25%"和"橙色"，选中"角部辐射"单选钮，如图 5-96 所示。

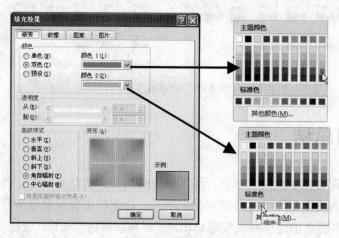

图 5-96　设置页面填充色

最终效果如图 5-97 所示。

图 5-97　效果图

2. 制作一禁止吸烟的标志，效果如图 5-98 所示。

图 5-98 "禁止吸烟"标志

提示：

（1）单击"插入"选项卡上"插图"组中的"形状"按钮，在展开的列表中选择"禁止符"形状◎，按住【Shift】键的同时在文档中拖动鼠标，插入一禁止符图形，然后将其填充色设置为红色，轮廓为无。

（2）绘制两个圆角矩形，拖动黄色的菱形控制点，调整图形形状，一个填充为黑色，另一个填充为白色，白色矩形位于黑色之上，作为香烟。

（3）在烟嘴处按住【Shift】键拖动鼠标绘制一个正圆，套用"彩色填充，白色轮廓-深"形状样式。

（4）绘制两个"波形"形状，拖动其中的两个黄色菱形控制点调整图形形状，填充黑色，作为烟雾。

（5）将绘制的香烟各部分进行组合，移至禁止符图形中。选中禁止符图形，单击"绘图工具 格式"选项卡上"排列"组中的"置于顶层"按钮，将其置于顶层。

（6）绘制一文本框，输入文字"禁止吸烟"，设置字体为"方正隶书简体"，字号为"90"，文本框的填充和轮廓都设置为无。

（7）调整图形在页面中的位置，最后保存文档即可。

第6章
表格应用

本章内容提要

章前导读

在编辑文档时，有时为了更形象地说明问题，可能经常需要在文档中制作各种各样的表格。利用 Word 2007 强大、便捷的表格制作和编辑功能，用户可以快速创建表格，方便地修改表格中的内容，移动表格位置或者调整表格大小，在文本和表格之间相互转换，对表格中的内容进行排序，还可以在表格中进行简单的统计和运算。

6.1 建立表格并输入内容

表格是由行和列组成的，行与列交叉形成的格子称为单元格。在建立表格之前，用户首先要对表格的结构有一个大概了解，也就是说要建立几行、几列的表格，在表格中需要输入哪些内容等。

6.1.1 建立表格

Word 提供了多种在文档中插入表格的方法，例如，使用"表格"菜单、利用"插入表格"命令以及手动绘制表格等，除此之外，还可利用系统提供的表格模板快速地在文档中插入表格。

1. 使用"表格"菜单

使用这种方法是建立表格的最快捷方法，但它只能创建列数小于 10，行数小于 8 的表格。例如，要使用"表格"菜单插入一个 8 行 6 列表格，操作步骤如下：

步骤 1 在要插入表格的位置单击，确定插入符。

步骤 2 单击"插入"选项卡上"表格"组中的"表格"按钮，然后在展开的"插入表格"列表下，拖动鼠标以选择需要的行数和列数，如图 6-1 所示。

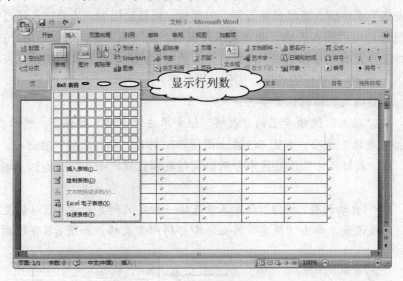

图 6-1 在列表中选择所需行、列数

提 示

网格显示框中的每个网格代表一个单元格。拖动鼠标时，Word 用橙色方格突出显示拟创建的表格，并在示意窗口的顶端自动显示行、列数。

步骤 3 当突出显示的橙色网格行列数达到 8 行 6 列时单击鼠标，即可在插入符所在位置创建一个 8 行 6 列的表格，如图 6-2 所示。

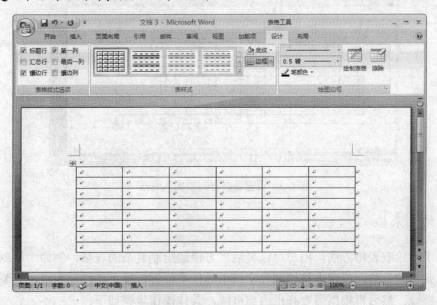

图 6-2 插入的 8 行 6 列表格

2. 使用"插入表格"命令

使用"表格"菜单插入表格虽然方便，但受行、列数的限制。当要插入超过 10 列以上的表格时，只能使用"插入表格"命令来插入表格。使用该命令，可以让用户在将表格插入文档之前，选择表格尺寸和格式，具有更强的适用性，因此是最常用的建立表格的方法。例如，要插入一个 10 列 9 行的表格，操作步骤如下：

步骤 1 在要插入表格的位置单击。

步骤 2 在"插入"选项卡上的"表格"组中单击"表格"按钮，然后在展开的列表中单击"插入表格"选项，如图 6-3 左上图所示，打开"插入表格"对话框。

步骤 3 在"表格尺寸"设置区中分别输入列数和行数，如 10 列 9 行，如图 6-3 右上图所示。

步骤 4 在"'自动调整'操作"设置区中选择一种定义列宽的方法，以调整表格尺寸。

步骤 5 完成设置，单击"确定"按钮，即可得所需表格，如图 6-3 下图所示。

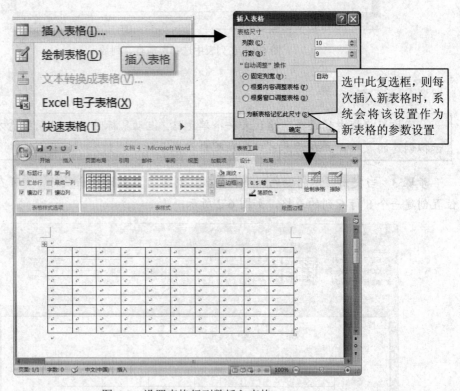

图 6-3 设置表格行列数插入表格

3. 手动绘制表格

利用手动绘制表格方法，用户可以灵活、方便地绘制复杂的表格，例如，绘制包含大小不等单元格的表格，或将表格绘制在文档中的任意位置。要手动绘制表格，先要画出表格的外边框线，然后再根据需要画出内部框线，具体操作步骤如下：

步骤 1 单击"插入"选项卡上"表格"组中的"表格"按钮，在展开的列表中单击"绘制表格"选项,如图 6-4 左图所示。

步骤 2 此时鼠标指针变为铅笔状 ℓ,将鼠标指针移到要绘制表格的位置,按下鼠标左键并拖动,出现虚线框,到合适大小后松开鼠标,绘制一个矩形定义表格的外边界,如图 6-4 右图所示。

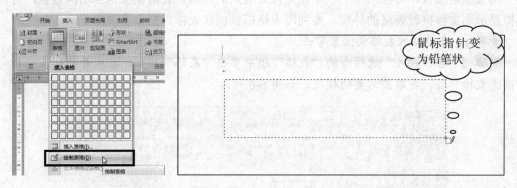

图 6-4 选择"绘制表格"绘制表格外边框

步骤 3 移动鼠标指针到边框的内部,按下鼠标左键,由左向右拖动鼠标,出现水平虚线后松开鼠标,绘制表格中的水平内框线,如图 6-5 上图所示。用类似的方法在该矩形内拖动鼠标绘制其他所需行线和列线,如图 6-5 下图所示,绘制完毕,在表格内双击鼠标结束绘制操作。

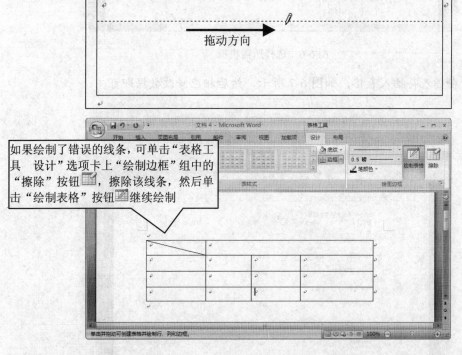

图 6-5 绘制表格

绘制表格后,功能区自动显示表格工具"设计"和"布局"选项卡,便于用户对插入的表格进行更多编辑操作，如删除多余线条，设置线条粗细、线条颜色等。

4. 利用表格模板

利用表格模板，可插入基于一组预先设好格式的表格。表格模板包含示例数据，可以模拟显示添加数据时表格的外观。要利用表格模板创建表格，操作步骤如下：

步骤 1 在要插入表格的位置单击。

步骤 2 在"插入"选项卡的"表格"组中单击"表格"按钮，在展开的列表中指向"快速表格"项，再单击需要的模板，如图 6-6 所示。

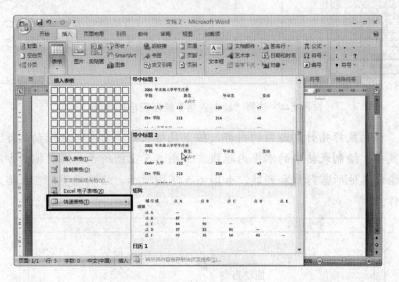

图 6-6 选择所需模板

步骤 3 在插入符插入表格，如图 6-7 所示，然后相应修改数据即可。

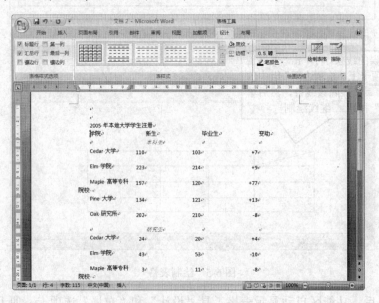

图 6-7 使用模板插入表格

6.1.2　输入内容

要在表格中输入内容，只需在表格中的相应单元格中单击鼠标，然后输入内容即可。也可以使用左、右方向键在单元格中移动插入符以确定插入点，然后输入内容，如图 6-8 所示。

个人简历

姓名：	XXX	性别：		国籍：	中国	
目前所在地：	福建	民族：	汉		照片	
户口所在地：	福建	身材：	178cm　75kg			
婚姻状况：	已婚	年龄：	32			
培训认证：		诚信徽章：		联系方式：		
教育背景：						
求职意向及工作经历：						
工作能力及专长：						

图 6-8　输入内容

6.2　单元格、行、列与表格的选取

要对表格内容进行编辑操作，首先要选择需修改的单元格，然后利用修改正文的方法修改单元格中的内容即可。

1. 应用鼠标选择

拖动鼠标或用【Shift】+【↑】、【↓】、【←】、【→】键，可以随意地选择一个单元格或多个单元格，甚至整个表格中的文字、段落。

选定表格、行、列或单元格的方法与文档选定方法相似。

➤ **选中当前单元格（行）：** 将鼠标指针移到单元格左下角，待鼠标指针变成 ◢ 形状后，单击鼠标可选中该单元格，如图 6-9 所示。双击则选中该单元格所在的一整行。

个人简历

姓名：	XXX	性别：		国籍：	中国	
目前所在地：	福建	民族：	汉		照片	
户口所在地：	福建	身材：	178cm　75kg			
婚姻状况：	已婚	年龄：	32			
培训认证：		诚信徽章：		联系方式：		
教育背景：						
求职意向及工作经历：						
工作能力及专长：						

图 6-9　选择单元格

➤ **选中一整行**：将鼠标指针移到该行左边界的外侧，待指针变成 ⟋ 形状后，单击鼠标，如图 6-10 所示。

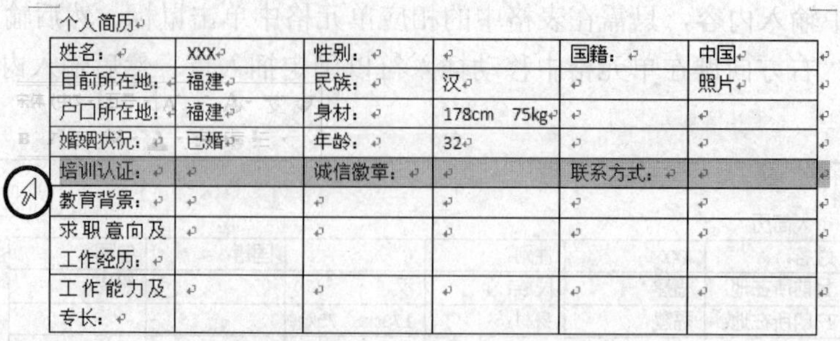

图 6-10　选择一整行

➤ **选中一整列**：将鼠标指针移到该列顶端，待鼠标指针变成 ↓ 形状后，单击鼠标，如图 6-11 所示。

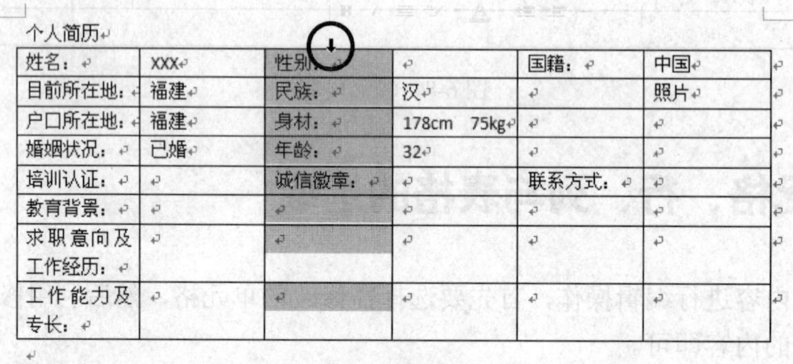

图 6-11　选择一整列

➤ **选中多个相邻单元格**：单击要选择的第一个单元格，将鼠标指针移至要选择的最后一个单元格，按下【Shift】键的同时单击鼠标左键，如图 6-12 所示。

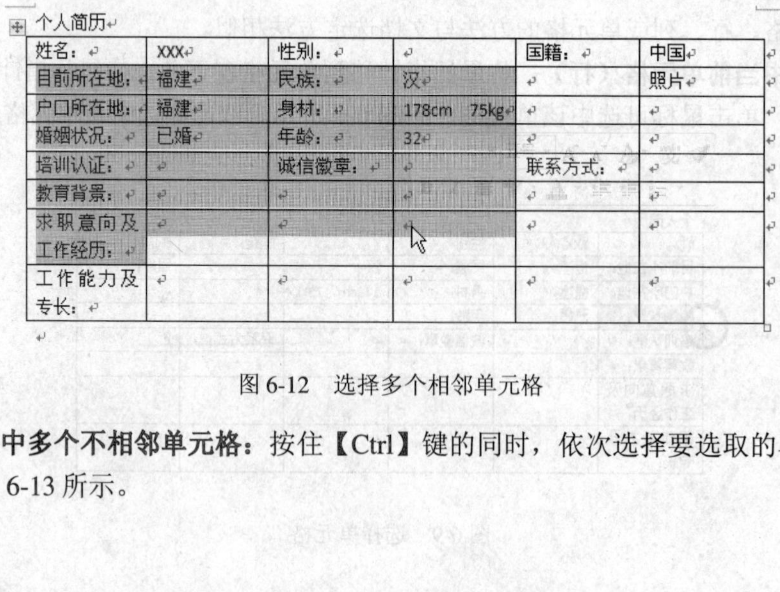

图 6-12　选择多个相邻单元格

➤ **选中多个不相邻单元格**：按住【Ctrl】键的同时，依次选择要选取的单元格，如图 6-13 所示。

个人简历							
姓名：	XXX	性别：		国籍：	中国		
目前所在地：	福建	民族：	汉		照片		
户口所在地：	福建	身材：	178cm 75kg				
婚姻状况：	已婚	年龄：	32				
培训认证：		诚信徽章：		联系方式：			
教育背景：							
求职意向及工作经历：							
工作能力及专长：							

图 6-13 选择多个不相邻单元格

> **选中整个表格：** 单击表格左上角的 ⊞ 符号。

2. 应用功能区命令选择

首先定位插入符，然后单击"表格工具 布局"功能区中"表"组中的"选择"按钮，在弹出的列表中选择相应选项，如图 6-14 所示，可选取插入符所在的单元格、行、列和整个表格。

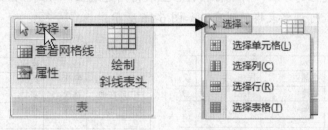

图 6-14 "选择"列表

6.3 调整表格布局

在实际工作中，有时需要设计一些比较复杂的表格，这时可以通过改变表格的行高与列宽，合并或拆分单元格，删除多余的单元格、表格、行或列等修改表格结构的方法来实现。

6.3.1 设置表格的行高与列宽

一般情况下，Word 会根据输入的内容自动调整表格的行高。我们也可根据需要自行调整表格的行高与列宽。值得注意的是，虽然不同的行可以有不同的高度，但一行中的所有单元格必须具有相同的高度，因此设置某一个单元格的高度实际上是设置单元格所在行的高度。下面，我们介绍调整表格行高和列宽的方法。

1. 使用鼠标拖动调整行高与列宽

使用鼠标拖动是调整表格行高与列宽的最直观、快捷的方法。该方法就是用鼠标拖曳表格的边框线调整表格的行高与列宽。具体操作步骤如下：

步骤 1　要调整表格的行高，可将鼠标指针移至要调整高度的行下方的边线上，此时鼠标指针变成 ÷ 形，如图 6-15 左图所示。

步骤 2　按住鼠标左键向上或向下拖动鼠标，此时显示一虚线，待虚线到达表格所需移至的位置，释放鼠标即可，如图 6-15 中图和右图所示。

图 6-15　利用鼠标拖动调整行高

步骤 3　用类似的方法，将鼠标指针移至表格列边线上，待鼠标指针变成 ╫ 形，向左或向右拖动鼠标，可调整表格的列宽，如图 6-16 所示。

图 6-16　调整列宽

2. 精确调整表格的行高与列宽

使用功能区中的命令或"表格属性"对话框，可精确地设置表格的行高与列宽。

> 将光标置于要调整行高或列宽的单元格中，或选中要调整行高或列宽的行或列，在"表格工具　布局"选项卡上"单元格大小"组中的"表格行高度"或"表格列宽度"编辑框中输入具体数值并按回车键，如图 6-176 所示。

图 6-17　精确调整行高和列宽

> 单击"表格工具 布局"选项卡上"单元格大小"组右下角的对话框启动器按钮
> ，打开"表格属性"对话框的"行"选项卡，然后选中"指定高度"复选框，
> 并在其后的编辑框中指定具体的行高值；在"列"选项卡中选中"指定宽度"，
> 并设置具体的列宽值，如图 6-18 所示，确定后可调整插入符所在行和列的宽度。

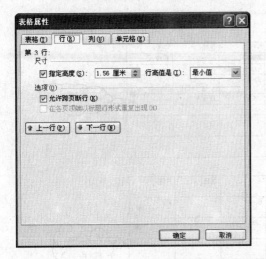

图 6-18　精确调整行高和列宽

　　单击"上一行"或"下一行"按钮，能够在完成现有修改以后，自动选定相邻的
上一行或下一行，继续进行设置行高的操作，从而免去了关闭对话框再选择其他行的
麻烦。

3. 自动调整行高和列宽

　　除了上述方法外，Word 2007 还可根据内容、窗口等自动调整表格的行高与列宽，或
平均分布行与列，使各行、各列的高度或宽度相同。

　　选中要调整行高或列宽的行或列，单击"表格工具 布局"选项卡"单元格大小"组中
的"自动调整"按钮，在弹出的列表中选择所需的选项，如图 6-19 所示。

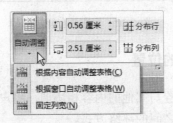

图 6-19　自动调整表格的行高与列宽

> 选择"根据内容自动调整表格"选项，表示表格按每一列的文本内容重新调整列
> 宽，调整后的表格看上去更加紧凑、整洁。

➤ 选择"根据窗口自动调整表格"选项，表示表格中每一列的宽度将按照相同的比例扩大，调整后的表格宽度与正文区宽度相同。

➤ 选择"固定列宽"选项，表示必须给列宽指定一个确切的值。

单击"分布行"按钮 或"分布列"按钮 ，可使表格中所选行或列，或者各行或各列的高度或宽度相同，如图 6-20 所示。

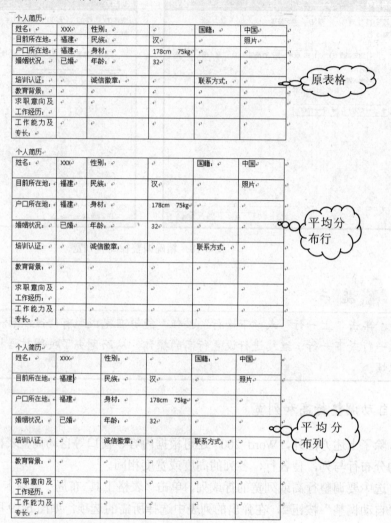

图 6-20 平均分布行、列

6.3.2 调整表格在页面中的位置

为了使表格在页面中的位置与其他的内容相协调，用户可以将表格设置为左对齐、居中、右对齐或设置表格和文字之间的环绕方式。

创建表格后，在页面视图下，将鼠标指针移至表格内，表格的左上角出现"表格位置控制点" ，如图 6-21 所示。将鼠标指针移到该控制点上，当鼠标指针变为十字双向箭头形状 时，按下鼠标左键并拖动，可随意移动表格的位置。

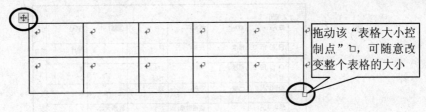

拖动该"表格大小控制点"⌐，可随意改变整个表格的大小

图 6-21　表格位置控制点

要精确调整表格的位置，可以使用"表格属性"对话框。例如，图 6-22 所示的表格偏左，下面来将其调整为居中对齐，操作步骤如下：

个人简历				
姓名：	xxx	性别：	国籍：	中国
目前所在地：	福建	民族：	汉	照片
户口所在地：	福建	身材：	178cm 75kg	
婚姻状况：	已婚	年龄：	32	
培训认证：		诚信徽章：	联系方式：	
教育背景：				
求职意向及工作经历：				
工作能力及专长：				

图 6-22　待调整的表格

步骤 1　将插入符置于表格中，单击"表格工具　布局"选项卡上"表"组中的"属性"按钮，打开"表格属性"对话框，在"表格"选项卡的"对齐方式"设置区中选择"居中"项，如图 6-23 所示。

图 6-23　选择对齐方式

步骤 2　单击"确定"按钮，表格在页面居中对齐，效果如图 6-24 所示。

个人简历					
姓名：	XXX	性别：		国籍：	中国
目前所在地：	福建	民族：	汉		照片
户口所在地：	福建	身材：	178cm 75kg		
婚姻状况：	已婚	年龄：	32		
培训认证：		诚信徽章：		联系方式：	
教育背景：					
求职意向及工作经历：					
工作能力及专长：					

图 6-24　在页面居中对齐的表格

6.3.3　单元格的合并、拆分与删除

在制作复杂表格时，还可能会将多个单元格合并成一个单元格，或将选中的单元格拆分成等宽的多个小单元格，以及将表格中多余的单元格删除。

1．单元格的合并

合并单元格是指将一行或一列中的多个单元格合为一个单元格。合并单元格的方法之一是用"表格工具　设计"选项卡上"绘图边框"组中的"擦除"按钮 擦除相邻单元格之间的边线，方法是：单击"擦除"按钮，然后将鼠标指针移到要擦除的边线上，当鼠标指针变为 时，单击鼠标即可，如图 6-25 所示，再次单击"擦除"按钮结束操作。执行擦除操作时，在表格线上拖动或以框选的方式选择表格线，也可完成擦除边框线的操作，达到合并单元格的目的。

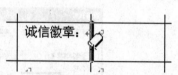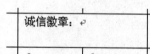

图 6-25　擦除相单元格的边框线

另外，我们还可利用"合并单元格"按钮来合并单元格，操作步骤如下：

步骤1　选择要合并的多个单元格，如图 6-26 左图所示。

步骤2　单击"表格工具　布局"选项卡"合并"组中的"合并单元格"按钮 ，如图 6-26 中图所示。

步骤3　所选的多个单元格被合并为一个单元格，如图 6-26 右图所示。

 提 示

选中要合并的单元格后右击鼠标，在弹出的快捷菜单中选择"合并单元格"项，也可以合并所选单元格。

图 6-26　合并单元格

2. 单元格的拆分

拆分单元格是指将选中的一个或多个单元格分成等宽的多个小单元格。具体操作步骤如下：

步骤 1　选中要拆分的单元格，然后单击"表格工具　布局"选项卡上"合并"组中的"拆分单元格"按钮，如图 6-27 左图所示。

步骤 2　在打开的"拆分单元格"对话框中设置要拆分成的行、列数，如图 6-27 右图所示。

步骤 3　单击"确定"按钮，即可将当前单元格拆分成设置好的行、列数，如图 6-28 所示。

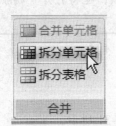 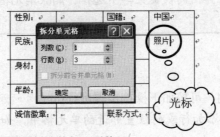 

图 6-27　设置要拆分的行、列数目　　　　图 6-28　拆分单元格

3. 删除单元格

删除单元格是指将选定的单元格删除。具体操作步骤如下：

步骤 1　将光标置于要删除的单元格中。

步骤 2　单击"表格工具　布局"选项卡上"行和列"组中的"删除"按钮，在展开的列表中选择"删除单元格"项，如图 6-29 所示。

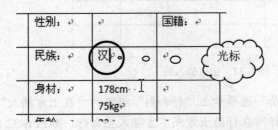 

图 6-29　选定单元格后选择"删除单元格"项

步骤3 在打开的“删除单元格”对话框中选择一种删除方式，如“下方单元格上移”，如图6-30左图所示，单击“确定”按钮，所选单元格被删除，下方单元格上移，如图6-30右图所示。

性别：		国籍：
民族：	178cm 75kg	
身材：	32	
年龄：		
诚信徽章：		联系方式：

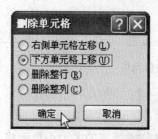

图6-30 删除单元格

其中：

- **右侧单元格左移**：删除所选单元格并左移其右侧所有单元格。
- **删除整行**：删除所选单元格所在行并上移其下方所有行。
- **删除整列**：删除所选单元格所在列并左移其右侧所有列。

提 示

右击所选单元格，在弹出的快捷菜单中选择“删除单元格”项，也将打开“删除单元格”对话框。

6.3.4 行与列的插入

要在表格中插入行或列，可按如下操作步骤进行：

步骤1 将光标置于要添加行或列位置邻近的单元格中，如图6-31所示。

个人简历

姓名：	XXX	性别：		国籍：	中国
目前所在地：	福建	民族：	汉		照片
户口所在地：	福建	身材：	178cm 75kg		
婚姻状况：	已婚	年龄：	32		
培训认证：		诚信徽章：		联系方式：	
教育背景：					
求职意向及工作经历：					
工作能力及专长：					

图6-31 定位插入符

步骤2 单击“表格工具 布局”选项卡上“行和列”组中的“在上方插入”按钮或“在下方插入”按钮，可在光标所在行的上方或下方插入空白行，如图6-32所示。

步骤3 若单击“在左侧插入”按钮或“在右侧插入”按钮，可在光标所在列的左侧或右侧插入一空白列，如图6-33所示。

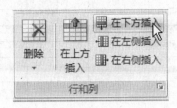

图 6-32　插入行

图 6-33　插入列

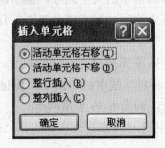

图 6-34　插入单元格

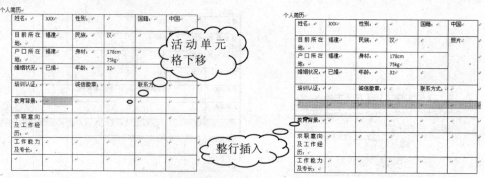

图 6-35　选择不同插入方式的插入效果

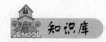

　　若要插入多行、多列或多个单元格，可选取多个行、列或多个单元格，然后再执行插入命令。插入的行、列或单元格的数量与所选取的数量相同。

6.3.5　行、列与表格的删除

　　在 Word 中，可以用在文档中删除文本的方法将表格中的文字删除，但不能将表格中的行、列以及表格本身删除。下面介绍如何删除表格中的行、列或整个表格。具体操作步骤如下：

　　步骤 1　将插入符放置在要删除的列中，如图 6-36 左图所示。

　　步骤 2　单击"表格工具　布局"选项卡上"行和列"组中的"删除"按钮，在展开的列表中选择"删除列"项，可将光标所在列删除，如图 6-36 右图所示。

　　步骤 3　在展开的列表中选择"删除行"项，可将光标所在行删除，选择"删除表格"项，可将当前整个表格删除。

　　如果要删除多行或多列，只需选中要删除的行或列，再在"删除"列表中选择相应的选项即可。

　　选择表格、行或列，按【Backspace】键可删除选择对象；若只需要删除表格内数据，可按【Delete】键。

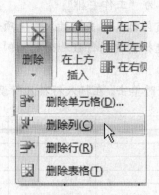

图 6-36 删除列

6.4 上机实践——制作工作安排表

下面通过制作如图 6-37 所示的工作安排表,来熟悉一下插入表格、在表格中输入内容、插入行、平均分布列和合并单元格的操作,具体操作步骤如下:

第 1 周工作安排表

日期	星期	上午	下午
1.31	六	8: 30 教师集中。 11: 00 教师下班。	部分教师进修,不进修教师在家备课。
2.1	日	7: 45 教师上班,上交备课本。 8: 00 学生报到,收缴假期作业,了解假期中的好人好事,收缴征文,上报大队部。上报报到人数;发放书本。 10: 30 放学。 10: 40 检查卫生。 11: 00 教师下班。	师生不到校。
2.2	一	7: 55 开学典礼,按课表正常上课,行政组开始听课。 开始供应午餐。	3: 40 班主任开会。
2.3	二		2: 30 行政列会;教学工作会议。
2.4	三		队会课对学生进行常规教育。 3: 40 教师集中。
2.5	四	红领巾广播。 五、六年级期初检测。 数学教师上报教研周课题。	
2.6	五		教师进修。 下班前把测试成绩上传至 xxx 网上。
备注	1. 开学初,各班继续抓好学生文明习惯及学习习惯的培养,努力形成良好的班风、学风。 2. 开学后抓紧检查、讲评学生寒假作业,下周五前以表格的形式,向教导处进行反馈。 3. 收费:一至六年级作业本 22 元 活动费 80 元 合计 102 元 二、三月份伙食费(共 31 天) 一至三年级 139.5 元;四至六年级 170.5 元。 4. 班主任向学生推荐教辅资料须报校长室批准,同时要做好协调工作,便于家长购买。 5. 第三周为数学教师教研周,请提前做好准备。		

图 6-37 制作的工作表

步骤 1　新建一文档，命名为"工作安排"。

步骤 2　光标在第 1 行行首闪烁，单击"插入"选项卡上"表格"组中的"表格"按钮，在展开的列表中拖动鼠标选择需要的行数和列数，例如选择 4×8 表格，如图 6-38 左图所示。

步骤 3　待所需行列数正好时单击，在插入符插入所设置的表格，如图 6-38 右图所示。

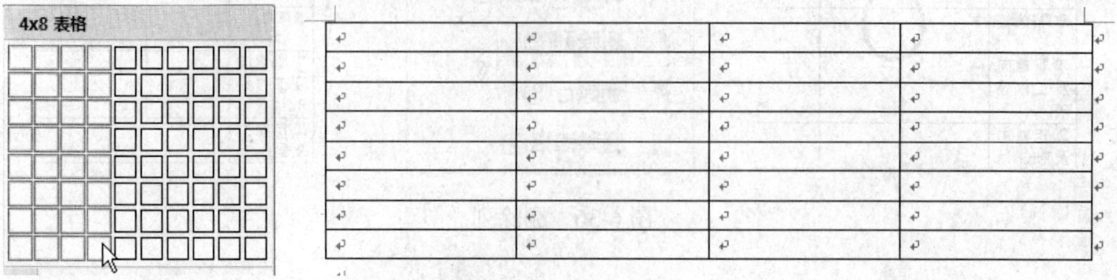

图 6-38　插入表格

步骤 4　在位于表格左上角的单元格中按一下【Enter】键，然后在插入的空行中输入表格的名称——"第 1 周工作安排表"，如图 6-39 所示。

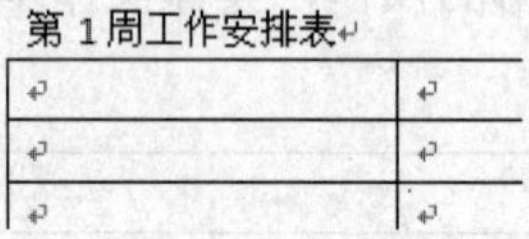

图 6-39　输入表格名称

步骤 5　根据需要依次在单元格中单击，输入内容，如图 6-40 所示。

第 1 周工作安排表

日期	星期	上午	下午
1.31	六	8：30 教师集中 11：00 教师下班	部分教师进修，不进修教师在家备课
2.1	日	7：45 教师上班，上交备课本。 8：00 学生报到，收缴假期作业，了解假期中的好人好事，收缴征文，上报大队部。上报报到人数；发放书本。 10：30 放学。 10：40检查卫生。 11：00 教师下班。	师生不到校
2.2	一	7：55 开学典礼，按课表正常上课，行政组开始听课。 开始供应午餐。	3：40班主任开会。
2.3	二		2：30 行政列会；教学工作会议。
2.4	三		队会课对学生进行常规教育。 3：40教师集中。
2.5	四	红领巾广播。 五、六年级期初检测。数学教师上报教研周课题。	
2.6	五		教师进修。 下班前把测试成绩上传至 xxx 网上。

图 6-40　输入表格内容

步骤 6 将鼠标指针移至第 1 列右侧的边框线上，当鼠标指针变成左右双向箭头时，向左拖动鼠标，调整该列列宽，如图 6-41 所示。

图 6-41 调整列宽

步骤 7 以同样的方法调整第 2 列的列宽。为了使这两列的列宽相等，选中这两列后，单击"表格工具 布局"选项卡上"单元格大小"组中的"分布列"按钮，如图 6-42 所示，平均分布这两列的列宽。

图 6-42 平均分布列宽

步骤 8 下面在表格的最后一行插入一空白行，以添加备注文字。将插入符置于最后一行的某个单元格中，然后单击"表格工具 布局"选项卡上"行和列"组中的"在下方插入"按钮，如图 6-43 所示，在表格的下方插入一行，并根据需要输入备注文字。

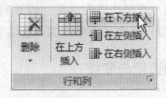

图 6-43 插入行

提 示

> 我们也可将光标放置在表格最后一行外侧的段落标记处，按【Enter】键在其下方添加新行。

步骤 9　选中要合并的单元格，如图 6-44 上图所示。单击"表格工具　布局"选项卡上"合并"组中的"合并单元格"按钮，将所选单元格合并，效果如图 6-44 下图所示。

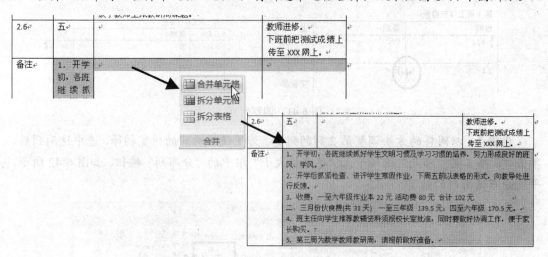

图 6-44　合并单元格

步骤 10　将光标置于表格第一行中，然后在"表格工具　布局"选项卡的"单元格大小"组中的"表格行高度"编辑框中修改数值为"0.9 厘米"，如图 6-45 所示，然后按【Enter】键。最终效果如图 6-37 所示，最后保存文档即可。

图 6-45　设置第一行的高度

6.5　美化表格

表格创建和编辑完成后，还可进一步对表格进行美化操作，如设置单元格或表格的边线风格、底色以及为表格设置图片背景，以突出某行或某列的数据，为单元格内容设置对齐等。除此之外，Word 2007 还提供了多种表格样式，套用表格样式可快速设置表格格式。

6.5.1　设置表格与单元格的边框与底纹

默认情况下，创建的表格的边线是黑色的单实线，无填充色。用户可以为选择的单元格或表格设置不同的边线和填充风格，其操作步骤如下：

步骤 1　选中要添加边框的表格或单元格，单击"表格工具　设计"选项卡上"表样式"组中的"边框"按钮 边框 右侧的三角按钮，在展开的列表中选择"边框和底纹"项，如图 6-46 所示，打开"边框和底纹"对话框。

步骤 2　在对话框的"设置"区中选择一种边框样式，如"网格"；在"样式"列表中选择一种线条样式；在"颜色"下拉列表中选择一种颜色，如"深红"，如图 6-47 所示。

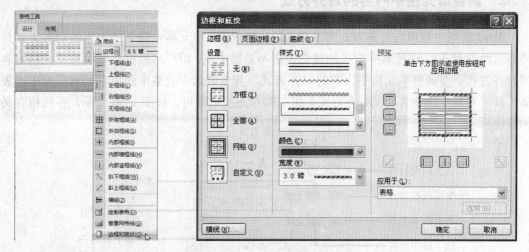

图 6-46 选择"边框和底纹"项　　　　　　　　　图 6-47 设置边框选项

步骤3 单击"确定"按钮，表格和单元格被添加上边框，如图 6-48 所示。

图 6-48 给表格添加边框

步骤4 选中要添加底纹的单元格，单击"表样式"组中的"底纹"按钮 底纹 右侧的三角按钮，在展开的列表中选择一种底纹颜色，如"浅绿"，如图 6-49 左图所示，效果如图 6-49 右图所示。重复该操作，可为其他单元格添加底纹。

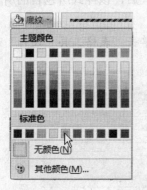

图 6-49 给所选单元格设置底纹

6.5.2   调整单元格中内容的对齐方式

Word 表格中数据的对齐方式有 9 种。默认情况下，单元格中输入的内容的对齐方式是"靠上两端对齐"，这种对齐方式创建的表格不是很美观，用户可根据需要调整单元格内容的对齐方式。要调整单元格中内容的对齐方式，首先需选中表格中的内容，然后单击"表格工具 布局"选项卡上"对齐方式"组中的对齐按钮即可，如图 6-50 所示，各按钮含义如图中所示。

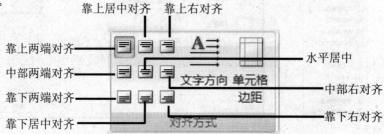

图 6-50   "对齐方式"组中的"对齐"按钮

图 6-51 所示为将表格内容设置为"水平居中"对齐效果。

图 6-51   "水平居中"显示表格内容

6.5.3   套用内置表格样式

Word 2007 自带了丰富的表格样式，如同文字样式，表格样式中包含了一些预先设置好的表格字体、边框和底纹格式，在表格中应用表格样式后，该样式所包含的所有格式将应用在表格中。要套用内置表格样式，操作步骤如下：

步骤 1   将插入符置于要套用样式的表格中，然后单击"表格工具 设计"选项卡上"表样式"组中的"其他"按钮，如图 6-52 所示。

图 6-52   单击"其他"按钮

步骤 2 在展开的列表中选择一种表格样式,如图 6-53 左图所示,结果如图 6-53 右图所示。

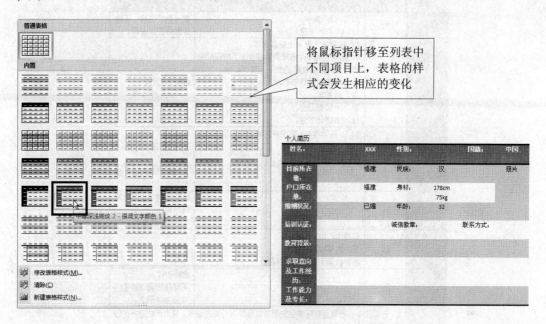

图 6-53 套用表格内置样式

6.6 上机实践——美化工作安排表

下面我们来美化一下 6.4 节制作的工作安排表,效果如图 6-54 所示,以此来练习一下为表格或选定单元格添加边框和底纹,设置边框颜色和边框线的粗细,以及设置单元格内容的对齐等操作,具体操作步骤如下:

步骤 1 打开素材文档"素材与实例" > "第 6 章" > "工作安排"。

步骤 2 利用"开始"选项卡将表格标题文字设置为"方正大标宋简体"、"三号"、居中对齐。

步骤 3 单击表格左上角的 田 按钮,选中整个表格,然后单击"表格工具 设计"选项卡上"绘图边框"组中的"线条样式"按钮 ——————— 右侧的三角按钮,在展开的列表中选择一种线型样式,如图 6-55 左图所示。

步骤 4 单击"线条粗细"按钮 0.5 磅 ——— 右侧的三角按钮,在展开的列表中选择一种线条粗细样式,如图 6-55 右图所示。

步骤 5 单击"笔颜色"按钮 笔颜色 右侧的三角按钮,在展开的列表中选择一种笔触颜色,如图 6-56 左图所示。

步骤 6 单击"表样式"组中的"边框"按钮 边框 右侧的三角按钮,在展开的列表中选择"外侧框线",如图 6-56 右图所示。

第 1 周工作安排表

日期	星期	上午	下午
1.31	六	8：30 教师集中。 11：00 教师下班。	部分教师进修，不进修教师在家备课。
2.1	日	7：45 教师上班，上交备课本。 8：00 学生报到，收缴假期作业，了解假期中的好人好事，收缴征文，上报大队部。上报报到人数；发放书本。 10：30 放学。 10：40 检查卫生。 11：00 教师下班。	师生不到校。
2.2	一	7：55 开学典礼，按课表正常上课，行政组开始听课。 开始供应午餐。	3：40 班主任开会。
2.3	二		2：30 行政列会；教学工作会议。
2.4	三		队会课对学生进行常规教育。 3：40 教师集中。
2.5	四	红领巾广播。 五、六年级期初检测。 数学教师上报教研周课题。	
2.6	五		教师进修。 下班前把测试成绩上传至 XXX 网上。
备注		1．开学初，各班继续抓好学生文明习惯及学习习惯的培养，努力形成良好的班风、学风。 2．开学后抓紧检查、讲评学生寒假作业，下周五前以表格的形式，向教导处进行反馈。 3．收费：一至六年级作业本 22 元 活动费 80 元 合计 102 元 二、三月份伙食费（共 31 天）一至三年级 139.5 元；四至六年级 170.5 元。 4．班主任向学生推荐教辅资料须报校长室批准，同时要做好协调工作，便于家长购买。 5．第三周为数学教师教研周，请提前做好准备。		

图 6-54　美化后的工作安排表

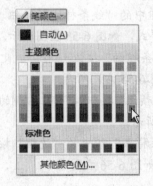

图 6-55　设置边框的线型和粗细　　　　图 6-56　设置边框颜色和边框样式

步骤 7 配合【Ctrl】或【Shift】键，选中表格的第一行和第一列，然后单击"表格工具 设计"选项卡上"表样式"组中的"底纹"按钮右侧的三角按钮，在展开的列表中选择"浅蓝"，如图 6-57 左图所示。

步骤 8 选择第一行，然后单击"表格工具 布局"选项卡上"对齐方式"组中的"水平居中"按钮，如图 6-57 右图所示，将该行单元格内容水平居中对齐。

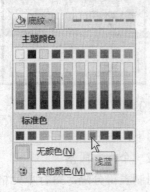

图 6-57 设置单元格的填充颜色和对齐方式

步骤 9 用同样的方法设置表格第一列和第二列中前 8 行的内容为居中对齐。然后将其他单元格内容设置为"中部两端对齐"，最后另存文档为"工作安排（美化）"，最终效果如图 6-54 所示。

6.7 表格的其他操作

通过前面的介绍，我们对表格有了一定的认识和操作能力，但在实际制作表格时，可能遇到一些比较特殊的情况，例如将文字转换成表格，或将表格转换成文本；制作带有斜线的表头；表格跨页时需要标题行重复；表格中的数据需要排序与计算；超宽表格如何解决；表格的拆分与合并等。

6.7.1 表格与文本之间的转换

在 Word 中，可以方便地进行表格和文本之间的相互转换。

1. 表格转换成文本

在 Word 中，用户可以将表格转换为由逗号、制表符或其他指定字符分隔的文字。要将表格转换成文本，首先需要选定要转换成文字的行，或选定整个表格，然后打开"表格转换成文本"对话框，在其中进行设置并确定即可，具体操作步骤如下：

步骤 1 打开素材文档"素材与实例" > "第 6 章" > "开支表"。

步骤 2 将插入符置于表格中，然后单击"表格工具 布局"选项卡上"数据"组中的"转换为文本"按钮 ，如图 6-58 左图所示。

步骤 3 在打开的"表格转换成文本"对话框中选择一种文字分隔符，如"逗号"，如

图 6-58 右图所示。

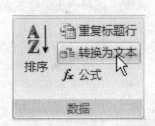

图 6-58　设置分隔符

"表格转换成文本"对话框中各选项意义如下：

- **·段落标记**：将每个单元格的内容转换成一个文本段落。
- **制表符**：将每个单元格的内容转换后用制表符分隔。每行单元格的内容成为一个文本段落。
- **逗号（半角逗号）**：将每个单元格的内容转换后用逗号分隔。每行单元格的内容成为一个文本段落。
- **其他字符**：可在其后的编辑框中键入用作分隔符的半角字符。每个单元格的内容转换后用键入的文字分隔符隔开。每行单元格的内容成为一个文本段落。

步骤 4　单击"确定"按钮，即可将表格转换成文本，效果如图 6-59 右图所示。

XXX 公司第一季度开支

	1 月	2 月	3 月
编辑部	27450.80	31542.60	29654.20
销售部	2480.90	2059.40	3010.20
后勤部	3261.50	2530.60	2980.40
合计			

XXX 公司第一季度开支

,1 月,2 月,3 月
编辑部, 27450.80, 31542.60, 29654.20
销售部, 2480.90, 2059.40, 3010.20
后勤部, 3261.50, 2530.60, 2980.40
合计,

图 6-59　将表格转换成文本效果

2. 文本转换为表格

在 Word 中，也可以将用段落标记、逗号、制表符或其他特定字符隔开的文本转换成表格。在编辑文档时，若先输入各单元格文字，然后再将文本转换成表格，可以提高制作表格的速度。要将文本转换为表格，具体操作步骤如下：

步骤 1　选中要转换成表格的文本，如图 6-60 左图所示。

步骤 2 单击"插入"选项卡上的"表格"按钮，在展开的列表中选择"文本转换成表格"项，如图 6-60 右图所示。

图 6-60 选中文本后选择"文本转换成表格"项

步骤 3 在打开的"将文字转换成表格"对话框中进行设置，然后单击"确定"按钮，即可将所选文本转换成表格，如图 6-61 所示。

第一天	第二天	第三天	第四天
10	20	30	40
20	30	40	50

图 6-61 将文本转换成表格

"将文字转换成"对话框中"文字分隔位置"设置区中各选项意义如下：

- **段落标记**：把选中的段落转换成表格，每个段落成为一个单元格的内容，行数等于所选段落数。
- **制表符**：用制作符隔开的各部分内容作为一行中各个单元格的内容。转换后的表格列数等于选择的各段落中制表符的最大个数加 1。
- **逗号（半角逗号）**：每个段落转换为一表行，用逗号隔开的各部分内容成为同一行中各单元格的内容。转换后表格的列数等于各段落中逗号的最大个数加 1。
- **空格**：每个段落转换为一表行，用空格隔开的各部分内容成为同一行中各个单元格内容。
- **其他字符**：可在对应位置键入其他半角字符作为文本分隔符。每个段落转换为一行单元格，用键入的文本分隔符隔开的各部分内容作为同一行中各单元格的内容。

提 示

> 将文本段落转换成表格时，“将文字转换成表格”对话框中的“行数”框不可用。此时的行数由选择的段落标记确定。

6.7.2 斜线表头的制作

在实际制作表格时，有时为了更清楚地标识表格中的内容，往往需要在表头用斜线将表格中的内容按类别分开。要制作斜线表头，可以使用直线工具手动绘制一条直线放置在单元格中，也可以使用系统内置的斜线表头样式。

1. 手动绘制

要手动绘制斜线表头，操作步骤如下：

步骤 1 单击“插入”选项卡上“插图”组中的“形状”按钮，在展开的列表中选择“线条”区中的“直线”按钮，如图6-62左图所示。

步骤 2 此时鼠标指针变为十字形状，在要绘制斜线的单元格中按下鼠标左键并拖动，到合适长度后松开鼠标，斜线绘制完成，如图6-62右图所示。

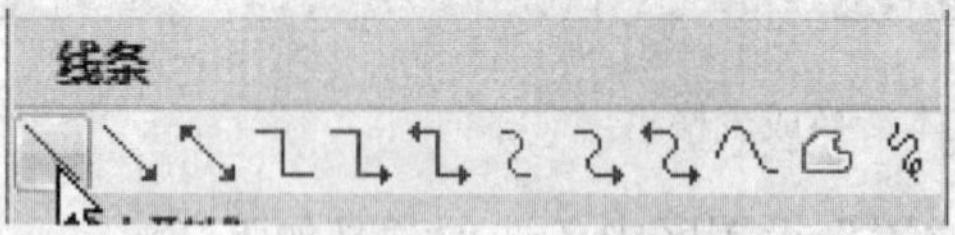

	1月
编辑部	27450.80
销售部	2480.90
后勤部	3261.50
合计	

图6-62 手动绘制斜线

步骤 3 在单元格中输入文字，效果如图6-63所示。

月份 部门	1月
编辑部	27450.80
销售部	2480.90
后勤部	3261.50
合计	

图6-63 设置分类项目

2. 使用系统内置样式

利用 Word 的绘制斜线表头功能，可创建更专业的斜线表头样式。操作步骤如下：

步骤 1 将插入符置于要绘制斜线表头的单元格中，然后单击"表格工具　布局"选项卡上"表"组中的"绘制斜线表头"按钮，如图 6-64 所示。

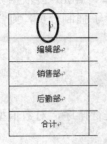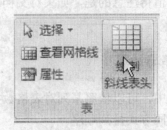

图 6-64　定位插入符后单击"绘制斜线表头"按钮

步骤 2 打开"插入斜线表头"对话框，在"表头样式"下拉列表中选择一种表头样式，在"字体大小"下拉列表中选择标题字体的大小，在"行标题"和"列标题"编辑框中输入标题文字，如图 6-65 左图所示。

步骤 3 单击"确定"按钮，在插入符所在单元格中绘制出斜线表头，效果如图 6-65 右图所示。

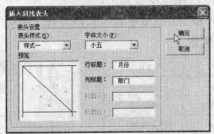

图 6-65　使用系统内置样式绘制斜线表头

在"插入斜线表头"对话框中设置斜线表头的属性后，单击"确定"按钮，有时会显示如图 6-66 所示的提示框，此时，我们可以单击"取消"按钮，返回"插入斜线表头"对话框，并在"字体大小"下拉列表框中选择一种合适的字号，如图 6-67 所示。或者将要插入斜线表头的行高调大一些。

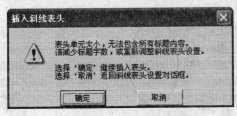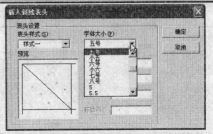

图 6-66　提示对话框　　　　　　　图 6-67　重新设置字体大小

6.7.3　如何使表格在跨页时重复标题行

如果建立的表格超过了一页，Word 会自动拆分表格。要使分成多页的表格在每一页的第一行都显示标题行，可将插入符置于表格标题行的任意位置，然后单击"表格工具　布局"选项卡上"数据"组中的"重复标题行"按钮，Word 会依据分页符自动在新的一页上重复表格标题。值得注意的是，如果对文档进行了强制分页，则 Word 无法重复表格标题。

6.7.4　表格的排序与计算

在 Word 的表格中，可以依照某列对表格数据进行排序，对数值型数据还可以按从小到大或从大到小的不同方式排列顺序。

利用表格的计算功能，可以对表格中的数据执行一些简单的运算，如求和、求平均值、求最大值等。

1．表格的排序

在 Word 中，可以按照升序或降序的顺序把表格中的内容按笔画、数字、拼音及日期进行排序。若要对表格中的内容进行排序，操作步骤如下：

步骤 1　将插入符置于表格任意单元格中，然后单击"表格工具　布局"选项卡上"数据"组中的"排序"按钮，如图 6-68 所示。

图 6-68　定位插入符后单击"排序"按钮

步骤 2　打开"排序"对话框，在"主要关键字"下拉列表中选择排序依据，如"1月"，然后在其右侧选择排序方式，如"降序"，如图 6-69 左图所示。

步骤 3　单击"确定"按钮，排序结果如图 6-69 右图所示，"1月"的开支数量由大到小排列。

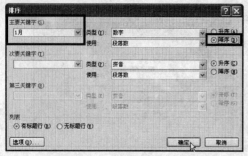

图 6-69　设置排序选项得到排序结果

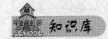

> 要进行排序的表格中不能有合并后的单元格，否则无法进行排序。
>
> Word 允许以多个排序依据进行排序。如果要进一步指定排序的依据，可以在"排序"对话框的"次要关键字"、"第三关键字"下拉列表框中，指定第二个、第三个排列依据、排序类型及排序的方式。
>
> 在"排序"对话框中，如果选中"有标题行"单选钮，则排序时不把标题行算在排序范围内，否则，对标题行也进行排序。

2. 利用公式计算

（1）表格计算基础知识

在表格中，可以通过输入带有加、减、乘、除（+、-、*、/）等运算符的公式进行计算，也可以使用 Word 2007 附带的函数进行较为复杂的计算。表格中的计算都是以单元格或区域为单位进行的，为了方便在单元格之间进行运算，Word 2007 中用英文字母"A，B，C……"从左至右表示列，用正整数"1，2，3……"自上而下表示行，每一个单元格的名字则由它所在的行和列的编号组合而成的，如图 6-70 所示。

A1	B1	C1	D1
A2	B2	C2	D2
A3	B3	C3	D3
A4	B4	C4	D4

图 6-70　单元格名称示意图

下面列举了几个典型的利用单元格参数表示一个单元格、一个单元格区域或一整行（一整列）的方法。

- ➢ A1：表示位于第一列、第一行的单元格。
- ➢ A1:B3：表示由 A1、A2、A3、B1、B2、B3 六个单元格组成的矩形区域。
- ➢ A1，B3：表示 A1、B3 两个单元格。
- ➢ 1:1：表示整个第一行。
- ➢ E:E：表示整个第五列。
- ➢ SUM（A1:A4）：表示求 A1+A2+A3+A4 的值。

Average（1:1，2:2）：表示求第一行与第二行的和的平均值。

（2）利用公式计算

通常情况下，当需要进行计算的数据量很大时，是使用专业处理软件 Excel 来处理的。但 Word 2007 也提供了对表格中数据进行一些简单运算的功能。下面介绍应用 Word 中的公式进行计算的方法，具体操作如下：

步骤 1　将插入符置于要放置计算结果的单元格中，如图 6-71 左图所示。

步骤 2 单击"表格工具 布局"选项卡上"数据"组中的"公式"按钮 *fx*，如图 6-71 右图所示。

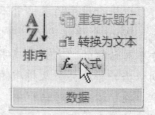

月 份 部 门	1 月	2 月	3 月
编辑部	27450.80	31542.60	29654.20
后勤部	3261.50	2530.60	2980.40
销售部	2480.90	2059.40	3010.20
合计			

图 6-71 定位插入符后单击"公式"按钮

步骤 3 打开"公式"对话框，此时在"公式"编辑框中已经显示出了所需的公式，该公式表示对光标所在位置上方的所有单元格数据求和，单击"确定"按钮即可得出计算结果，如图 6-72 右图所示。以同样的方法，可计算出 1、2 月数据的合计结果。

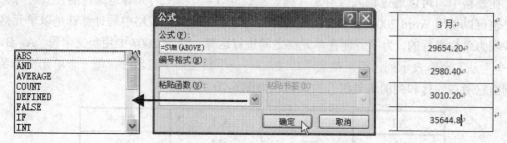

图 6-72 利用公式计算单元格的值

> Word 公式中提供的参数除了 ABOVE 外，还有 RIGHT 和 LEFT。RIGHT 表示计算光标右侧所有单元格数值的和；LEFT 表示计算光标左侧所有单元格数值的和。
> 若要对数据进行其他运算，可删除"="以外的内容，然后从"粘贴函数"下拉列表框中选择所需的函数，如"AVERAGE"（表示求平均值的函数），最后在函数后面的括号内输入要运算的参数值并确定即可。

3. 运算结果的自动更新

由于表格中的运算结果是以域的形式插入到表格中的，所以当参与运算的单元格数据发生变化时，公式也可以快速更新计算结果，即将光标放置在运算结果的单元格中，按【F9】键更新计算结果。具体操作步骤如下（以上述公式计算的结果为例）：

步骤 1 改变 2 月份销售部源数据，如图 6-73 所示。

步骤 2 将光标置于 2 月份合计结果单元格中，此时数据会显示灰色底纹，如图 6-74 上图所示。

步骤 3 按【F9】键或右击鼠标，在弹出的菜单中选择"更新域"项，数据结果得到更新，如图 6-74 下图所示。

部门 月份	1月	2月	3月
编辑部	27450.80	31542.60	29654.20
后勤部	3261.50	2530.60	2980.40
销售部	2480.90	2059.40	3010.20
合计	33193.2	36132.6	35644.8

部门 月份	1月	2月	3月
编辑部	27450.80	31542.60	29654.20
后勤部	3261.50	2530.60	2980.40
销售部	2480.90	2300	3010.20
合计	33193.2	36132.6	35644.8

图 6-73 改变源数据

部门 月份	1月	2月	3月
编辑部	27450.80	31542.60	29654.20
后勤部	3261.50	2530.60	2980.40
销售部	2480.90	2300	3010.20
合计	33193.2	36132.6	35644.8

部门 月份	1月	2月	3月
编辑部	27450.80	31542.60	29654.20
后勤部	3261.50	2530.60	2980.40
销售部	2480.90	2300	3010.20
合计	33193.2	36373.2	35644.8

图 6-74 更新域

6.7.5 超宽表格的解决方法

当制作的表格宽度超出了页面宽度，但又不能将其断开另起一行，例如，我们在上述表格的右侧插入一列，此时的表格如图 6-75 所示，即未完全显示表格，这时可以按如下方法解决这个问题。

XXX公司第一季度开支			
部门 月份	1月	2月	3月
编辑部	27450.80	31542.60	29654.20
后勤部	3261.50	2530.60	2980.40
销售部	2480.90	2300	3010.20
合计	33193.2	36373.2	35644.8

图 6-75 显示不全的表格

单击"页面布局"选项卡上"页面设置"组中的"纸张方向"按钮，在展开的列表中选择"横向"，如图 6-76 左图所示。此时表格全部显示在页面上，如图 6-76 右图所示。

部门／月份	1月	2月	3月	
编辑部	27450.80	31542.60	29654.20	
后勤部	3261.50	2530.60	2980.40	
销售部	2480.90	2300	3010.20	
合计	33193.2	36373.2	35644.8	

图 6-76 选择纸张方向以全部显示表格

6.7.6 表格的拆分与合并

如果要将一个大的表格拆分成几个小表格，可将插入符置于要成为下一个表格第一行位置的单元格中，然后按【Shift+Ctrl+Enter】组合键或单击"表格工具 布局"选项卡上"合并"组中的"拆分表格"按钮即可，这时表格中间会自动插入一个空行，表格自然被分开，如图 6-77 右下图所示。

图 6-77 拆分表格

如果要将光标所在行的表格内容后起一页，可按【Ctrl+Enter】组合键。

若要将几个表格合并成一个表格，要分两种情况：打开"表格属性"对话框，看当前表格的文字环绕方式，如果是"无"，选中两个表格之间的所有空行，按【Delete】键删除即可合并；如果文字环绕方式是"环绕"，则需要一起选中空行中的段落标记，如图 6-78 上图所示，然后按【Delete】键才可以合并，结果如图 6-78 下图所示。

图 6-78　合并表格

6.8　学习总结

本章主要学习了表格的创建、编辑及美化方法，以及表格排序、表格计算、超长表格的处理、拆分与合并表格的方法。读者应重点掌握如何绘制及编辑表格，还应学习根据不同的情况，选择合适的创建方法。

6.9　思考与练习

一、简答题

1．创建表格的方法有哪些？

2．如何选择表格中的单元格、行、列或整个表格？

3．如何调整表格的行高和列宽？

4．如何在现有表格中插入行、列和单元格？

5．如何合并与拆分单元格？

6．如何为表格添加边框与底纹？

7．如何制作斜线表头？

8．如何拆分与合并表格？

二、操作题

制作学生成绩表，并计算出每位学生的总分、每门学课的平均分、最高分与高低分，最终如图 6-79 所示的效果。

五年二班期末考试成绩表

成绩 姓名	语 文	数 学	英 语	科 学	计算机	总 分
商慧霞	100	90	85	98	20	393
张国东	95	90	85	98	19	387
孙媛飞	86	89	90	100	18	383
郝万云	85	90	100	92	15	382
纪 军	84	100	92	85	17	378
郭和乾	80	90	85	95	18	368
岳永生	78	90	82	88	16	354
孔军利	65	78	85	82	18	328
欧阳宇	61	80	75	85	18	319
齐妮妮	65	70	69	65	14	283
平均分	79.9	86.7	84.8	88.8	17.3	357.5
最高分	100	100	100	100	20	393
最低分	61	70	69	65	14	283

图 6-79 学生成绩表

提示：

（1）输入表格标题并格式化后插入一个 14 行 7 列的表格。

（2）输入表格内容，并根据需要设置表格内文字的格式。

（3）设置表格内容的对齐方式为"水平居中"。

（4）适当调整表格的行高和列宽。

（5）在表格左上角的单元格中绘制斜线表头。

（6）为表格和单元格添加边框。

（7）为相关行添加底纹。

（8）利用公式求各学生的总分。

（9）利用"粘贴函数"方法计算各科目的平均分、最高分和最低分。

第7章
使用模板与宏

本章内容提要

章前导读

　　Word 2007 预先安装了 30 多种文档类型的模板，如信函、传真、报告、简历和博客文章等，还允许用户自定义模板。使用模板可以节省时间，提高效率。

　　使用宏，可以使部分工作变得简单，从而也提高了工作效率。用户可以录制自己需要的宏并运行。

7.1　使用模板

　　所有的 Word 文档都是以模板为基础创建的。模板决定文档的基本结构和文档设置，它已包含内容，如文本、格式和样式；页面布局，如页边距和行距；以及设计元素，如特殊颜色、边框和辅色，是典型的 Word 主题。例如，在 Word 中创建的空白文档就是基于系统自带的 Normal.dotm 模板创建的，该模板中包含了诸如宋体、5 号字，两端对齐、纸张大小为 A4 纸型等信息。

　　模板分为共用模板和文档模板两种类型。共用模板包括 Normal 模板，所含设置适用于所有文档。文档模板（例如"新建文档"对话框中的各种模板）所含设置仅适用于以该模板为基础创建的文档。Word 提供了许多文档模板，在 2.3.4 节中，我们已经学习了如何使用系统自带的模板创建文档，此处不再重复。此外，用户也可以创建自己的文档模板。

7.1.1　创建自己的模板

　　下面我们通过制作一个书稿文档的模板，来介绍创建模板的方法。该模板中包括了对纸张大小，页边距，首页、奇偶页页眉和页脚等内容的设置，具体操作步骤如下：

　　步骤 1　按【Ctrl+N】组合键新建一文档。

　　步骤 2　单击"页面布局"选项卡上"页面设置"组右下角的对话框启动器按钮，打开"页面设置"对话框。

　　步骤 3　在"纸张"选项卡的"纸张大小"下拉列表中选择"自定义大小"，打开"页面设置"对话框，分别在"宽度"和"高度"编辑框中输入数值，如图 7-1 左图所示。

  步骤 4 在"页边距"选项卡中设置上、下、左、右的页边距值，如图 7-1 中图所示。

  步骤 5 在"版式"选项卡的"页眉和页脚"设置区中选中"奇偶页不同"和"首页不同"复选框，然后设置"页眉"和"页脚"距边界的值，如图 7-1 右图所示，单击"确定"按钮，页面就设置好了。

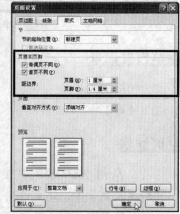

图 7-1 设置页面

  步骤 6 在文档中连续按回车键，使文档增至 3 页，然后单击"插入"选项卡上"页眉和页脚"组中的"页眉"按钮，在展开的列表中选择"编辑页眉"选项，进入页眉编辑状态，分别输入首页、偶数页和奇数页页眉内容，如图 7-2 所示。

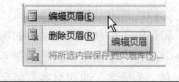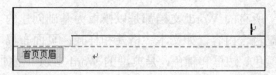

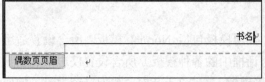

图 7-2 输入页眉内容

  步骤 7 单击"转至页脚"按钮，进入页脚编辑状态，将插入符置于首页页脚中，单击"页眉和页脚"组中的"页码"按钮，在展开的列表中选择"页面底端"＞"普通数字 2"选项，如图 7-3 所示。

  步骤 8 重复步骤 7 在奇数页和偶数页插入页码。然后单击"页眉和页脚工具 设计"选项卡上的"关闭页眉和页脚"按钮▣，退出页眉和页脚编辑状态。

  步骤 9 单击"Office 按钮"，在展开的列表中选择"另存为"＞"Word 模板"选项，如图 7-4 左图所示。

  步骤 10 在打开的"另存为"对话框中单击左侧的"受信任模板"选项，此时"保存位置"列表框中显示 Templates 文件夹，然后在"文件名"编辑框中输入文件名，如图 7-4

右图所示，最后单击"保存"按钮完成模板的创建。

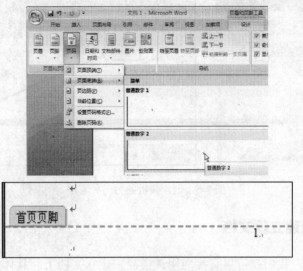

图 7-3　添加页码

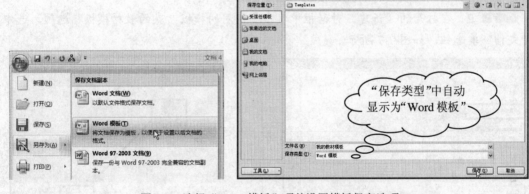

图 7-4　选择"Word 模板"项并设置模板保存选项

　　保存在"Templates"文件夹中的模板文件将出现在图 7-5 右图所示的"新建"对话框中，并且任何保存在"Templates"文件夹中的文档（.docx）文件都可以作为模板使用。

　　除了上述方法外，我们还可以这样创建模板：首先创建一个空白模板，然后在其中添加内容并保存。其中，创建空白模板的方法是：单击"Office 按钮"，在弹出的菜单中选择"新建"选项，打开"新建文档"对话框，单击左侧的"我的模板..."选项，打开"新建"对话框，单击"空白文档"选项，选中"模板"单选钮，然后单击"确定"按钮即可，如图 7-5 所示。

 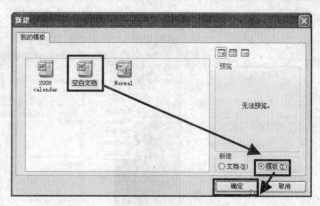

图 7-5 创建模板的另一种方法

7.1.2 应用模板建立新文档

模板创建好后，我们就可以直接应用该模板来建立文档了。具体操作步骤如下：

步骤1 单击"Office 按钮"，在展开的列表中选择"新建"选项，打开"新建文档"对话框，单击左侧列表区的"我的模板"选项，如图 7-6 所示。

步骤2 在打开的"新建"对话框中单击要使用的模板"我的教材模板"选项，选中"文档"单选钮，如图 7-7 所示。

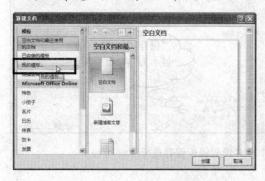

图 7-6 选择模板所在位置

图 7-7 选择要使用的模板

步骤3 单击"确定"按钮后得到一个根据模板创建的新文档，新文档中包含了模板中的相关设置及信息，如图 7-8 所示。

图 7-8 根据模板创建的新文档

7.1.3 编辑模板

要对模板进行编辑修改，可在 Word 程序中打开"打开"对话框，选择模板保存的位置，如在左侧的列表中选择"受信任模板"，打开"Templates"文件夹，再选择要修改的模板，如"我的教材模板"，如图 7-9 所示，然后单击"打开"按钮将其打开，其编辑修改方法与编辑普通文档相同。

图 7-9 打开要编辑的模板

与普通文档不同的是，我们不能直接在文件夹窗口中找到模板所在位置并双击将其打开，因为上述操作的结果是套用该模板新建了一个普通文档。

7.2 上机实践——制作菜谱模板

下面我们通过制作一个如图 7-10 所示的菜谱模板，熟悉一下模板的创建过程，具体操作步骤如下：

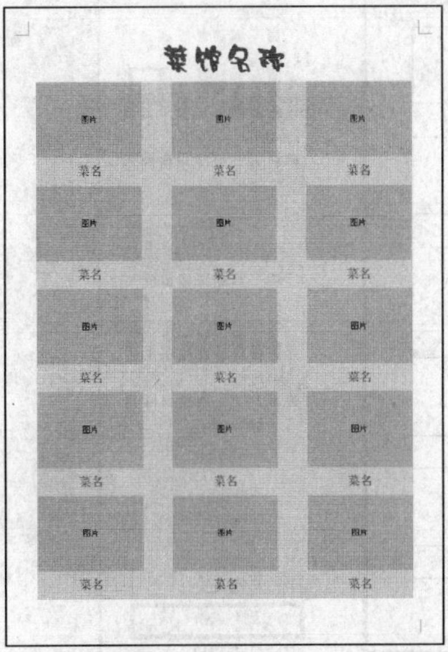

图 7-10 制作的菜谱模板

步骤1 单击"Office"按钮，在展开的列表中选择"新建"选项，打开"新建文档"对话框，单击左侧的"我的模板..."选项，打开"新建"对话框，单击"空白文档"选项，选中"模板"单选钮，然后单击"确定"按钮，即可新建一模板文档。

步骤2 单击"页面布局"选项卡上"页面设置"组中的"页边距"按钮，在展开的列表中选择"窄"选项，如图 7-11 所示。

步骤3 单击"插入"选项卡上"表格"组中的"表格"按钮，在展开的列表中选择"插入表格"项，在打开的对话框中设置表格的行、列数，如图 7-12 所示，插入一个 10 行 5 列的表格。

图 7-11 选择合适的页边距

图 7-12 设置表格行、列数

步骤4 利用"表格工具 布局"选项卡上"单元格大小"组中的"表格行高度"编辑框，将表格的第 1、3、5、7、9 行的行高调整为 3.5 厘米，将第 2、4、6、8、10 行的高度调整为 1.3 厘米，第 1、3、5 列的宽度为 5 厘米，第 2、4 列的宽度为 1.4 厘米，效果如图 7-13 所示。

步骤5 将 1、3、5、7、9 行填充为"水绿色，强调文字颜色 5，淡色 40%"，第 2、4、6、8、10 行填充为"橙色，强调文字颜色 6，淡色 60%"，将第 2、4 列填充为"橙色，强调文字颜色 6，淡色 60%"，如图 7-14 左上两图所示。

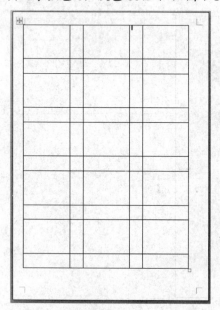

图 7-13 调整行高和列宽后的表格

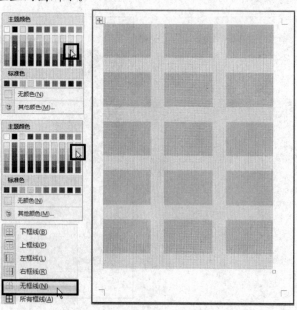

图 7-14 设置表格的填充和边框

步骤 6 将表格的边框线设置为"无框线",效果如图 7-14 右图所示。

步骤 7 单击"表格工具 布局"选项卡上"表"组中的"属性"按钮，在打开的对话框中选择"居中"对齐方式，如图 7-15 所示，然后单击"确定"按钮。

步骤 8 将光标置于表格左上角单元格中，按【Enter】键插入一空行，在此行中可输入菜馆名称，并设置其格式为：汉仪凌波体简，初号，加粗，紫色，居中对齐，效果如图 7-16 上图所示。

步骤 9 在表格中填充水绿色的单元格中输入"图片"文字，以便在此处贴入该菜的实物图；在"图片"文字下方填充橙色的单元格中输入菜名，其格式为：方正小标宋简体、三号、绿色，如 7-16 下图所示。然后选中表格，单击"表格工具 布局"选项卡上"对齐方式"组中的"水平居中"按钮，将表格内容水平居中对齐。

图 7-15 选择表格的对齐方式　　　　图 7-16 设置餐馆文字格式

步骤 10 单击"Office 按钮"，在展开的列表中选择"保存"选项，打开"另存为"对话框，输入模板名称，如图 7-17 所示，单击"保存"按钮将制作的模板保存。

步骤 11 此后单击"Office 按钮"，选择"新建"项，在打开的"新建文档"对话框中单击"我的模板"选项，在打开的"新建"对话框中可以看到该模板，如图 7-18 所示，以后用户就可以使用该模板创建其他菜谱文档了。

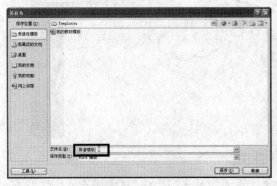 

图 7-17 保存模板　　　　图 7-18 "新建"对话框中显示创建的模板

7.3　使用宏

宏是将一系列 Word 命令和指令组合在一起，形成一个单独的命令，以实现任务执行的自动化。简单地说，就是批处理，使用一个简单的操作，比如一次鼠标的单击，就可以完成多项任务，十分方便。

如果要在 Word 中重复执行某项任务，可以将其中的操作创建为宏，为其指定快捷方式，然后运行该宏即可。Word 提供两种方法来创建宏：利用宏录制器和 Visual Basic 编辑器。下面我们介绍使用宏录制器来创建宏。

7.3.1　录制宏

在使用宏之前，首先要录制宏，将其保存在模板文档或当前文档中，然后对宏进行管理及安全性设置。

下面以录制一个为图形对象设置格式的宏为例，介绍录制宏的方法，内容包括：设置文本框高为 4 厘米，宽为 7 厘米，内部边距为 0.1，填充为"浅绿"，形状轮廓为"紫色"，轮廓粗细为 2.5 磅，线条样式为方点，设置阴影及阴影颜色为红色，然后并将其指定到快速访问工具栏上，具体操作步骤如下：

步骤 1　单击"插入"选项卡上"文本"组中的"文本框"按钮，在展开的列表中选择"绘制文本框"项，在文档中绘制一个文本框。

步骤 2　单击"视图"选项卡"宏"组中的"宏"按钮下方的三角按钮，在弹出的列表中选择"录制宏"选项，如图 7-19 所示。

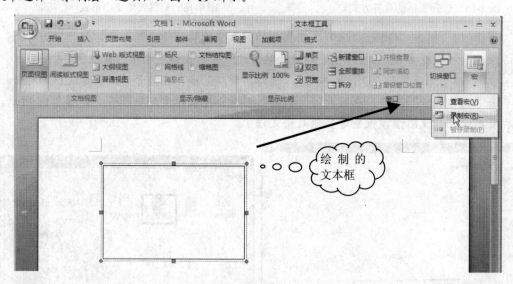

图 7-19　绘制文本框后选择"录制宏"项

步骤 3　打开"录制宏"对话框，输入宏名"文本框格式"，在"将宏保存在"下拉列表框中选择要将宏保存在其中的模板或文档，此处选择"所有文档"模板，如图 7-20 所示，然后单击"按钮"图标 。

若键入的新宏的名称与 Word 2007 中的内置宏名称相同，则新宏操作将替换内置宏。
默认将宏保存在"所有文档（Normal.dotm）"中，即所有文档都可以使用这个宏。
如果只想将宏应用于某个文档或某个模板，就选择该文档或模板。

步骤 4　在打开的"Word 选项"对话框中单击左侧列表中的宏名，然后单击"添加"
按钮，如图 7-21 所示。

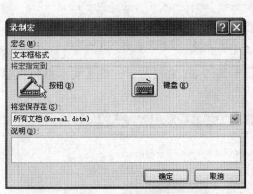

图 7-20　输入宏名

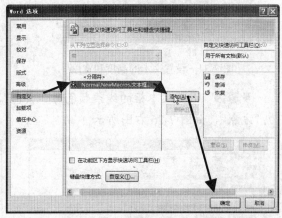

图 7-21　选择要添加的宏

步骤 5　所选宏名显示在右侧的列表中，如图 7-22 所示，表示已将其添加到快速访问
工具栏中，单击"确定"按钮开始录制宏。

步骤 6　此时快速访问工具栏上显示宏按钮图标，同时，鼠标指针变成带有盒式磁带
图标的箭头，如图 7-23 所示，表示正在录制宏。

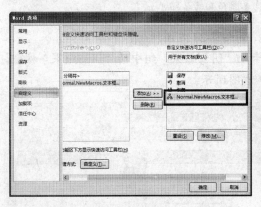

图 7-22　添加宏到快速访问工具栏中

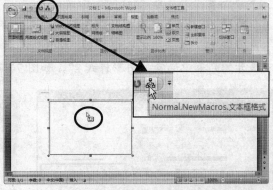

图 7-23　录制宏标志

步骤 7　分别在"文本框工具　格式"选项卡上"大小"组中的"形状高度"和"形
状宽度"编辑框中输入数值，如图 7-24 所示。

步骤 8　单击"大小"组右下角的对话框启动器按钮，打开"设置文本框格式"对话框，设置文本框的填充颜色为"浅绿"，如图 7-25 所示。

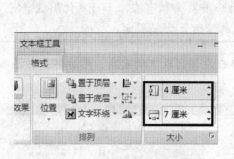

图 7-24　设置文本的高度和宽度　　　　图 7-25　设置文本框的填充颜色

步骤 9　设置文本框的线条颜色为"紫色"，如图 7-26 左图所示。设置文本框的线型为"方点"，如图 7-26 右图所示。

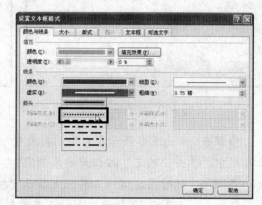

图 7-26　设置文本框的线条颜色和线条样式

步骤 10　设置文本框的线条粗细为 2.5 磅，如图 7-27 左图所示。

步骤 11　单击"文本框工具　格式"选项卡上"阴影效果"组中的"阴影效果"按钮，在展开的列表中选择"阴影样式 2"，如图 7-27 右图所示。

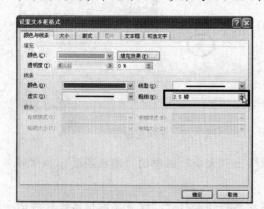

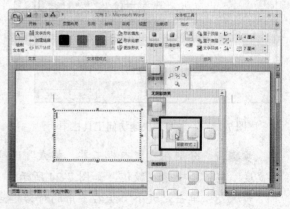

图 7-27　设置文本框和粗细和阴影样式

步骤 12 再次单击"阴影效果"按钮,指向"阴影颜色"项,在展开的颜色列表中选择"红色",如图 7-28 所示。

步骤 13 至此,文本框的格式就设置好了,单击"视图"选项卡上"宏"组中的"宏"按钮下方的三角按钮,在展开的列表中选择"停止录制"选项,如图 7-29 所示,完成"文本框格式"宏的录制。

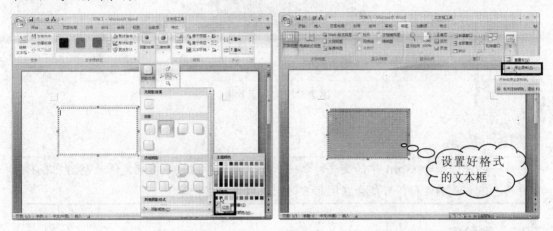

图 7-28 设置阴影颜色　　　　　　　　图 7-29 停止录制宏操作

在录制宏的过程中,如果需要执行不记录在宏中的操作,可展开宏列表,选择"暂停录制"选项,暂停录制宏,执行其他操作。再在列表中选择"恢复录制"选项,可继续录制宏。

7.3.2 运行宏

由于我们已经将宏指定到了快速访问工具栏中,所以只需单击工具栏中的宏按钮就可运行宏。

下面来运行刚刚录制的"文本框格式"宏,操作步骤如下:

步骤 1 在文档中绘制一个形状,如图 7-30 左图所示。

步骤 2 单击"快速访问工具栏"上的"文本框格式"按钮,如图 7-30 右图所示。

图 7-30 绘制文本框后单击"文本框格式"按钮

步骤 3 快速得到一个设置好格式的形状，如图 7-31 所示。

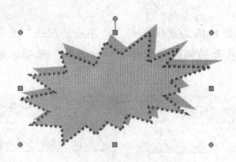

图 7-31　运行宏效果

一些宏依赖于 Word 中的某些特定选项或设置，所以，不能确定保录制的宏在所有情况下都正确运行，可能会在运行宏时出现错误信息。

7.3.3　删除宏

当不再需要录制的宏时，可以将其删除，操作步骤如下：

步骤 1　单击"视图"选项卡上"宏"组中的"宏"按钮，在展开的列表中选择"查看宏"项，如图 7-32 左图所示。

步骤 2　在打开的"宏"对话框中选择要删除的宏，然后单击"删除"按钮，如图 7-32 右图所示。

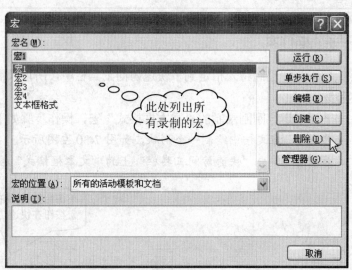

图 7-32　选择"查看宏"项打开"宏"对话框

步骤 3　打开提示对话框，如图 7-33 左图所示，单击"是"按钮，即可将所选宏删除，如图 7-33 右图所示。

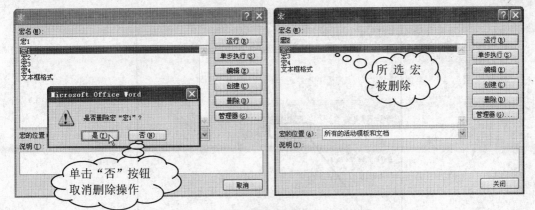

图 7-33　删除宏

7.4　上机实践——录制"格式宏"

下面我们来录制一个文字格式为：汉仪太极简体，二号，绿色，突出显示颜色为黄色，居中对齐的"格式宏"，并将其指定到键盘，然后运行该宏，以此来熟悉一下宏的录制与运行操作，具体步骤如下：

步骤 1　选定要操作的对象，如图 7-34 左图所示。

步骤 2　单击"视图"选项卡上"宏"组中的"宏"按钮，在展开的列表中选择"录制宏"项。

步骤 3　打开"录制宏"对话框，输入宏名，然后单击"键盘'图标，如图 7-34 右图所示，打开"自定义键盘"对话框。

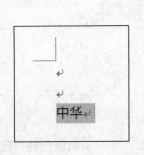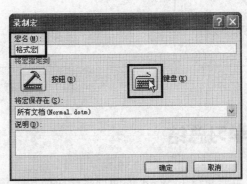

图 7-34　选择要操作的对象并输入宏名

步骤 4　光标在"请按新快捷键"编辑框中闪烁，按下键盘上的"Ctrl"和"D"键，此时该编辑框中显示所按的快捷键，如图 7-35 所示。

步骤 5　单击"指定"按钮后单击"关闭"按钮启动宏录制器。

步骤 6　设置所选文字的格式为：汉仪太极简体，二号，绿色，突出显示颜色为黄色，居中对齐，效果如图 7-36 所示。

图 7-35　为宏指定快捷键

图 7-36　设置所选字体格式

步骤 7　在"宏"列表中选择"停止录制"项，完成宏的录制操作。

步骤 8　下面来运行宏。输入并选中文字，如图 7-37 左图所示。

步骤 9　按【Ctrl+D】组合键，结果如图 7-37 右图所示，将该宏运用到所选文字。

图 7-37　运行宏

7.5　学习总结

本章主要介绍了 Word 的两项高级应用功能：模板和宏。介绍了如何创建、应用和编辑模板，及宏的录制、运行和删除操作。掌握这两项功能的使用方法，可大大缩短执行一些重复操作的时间，提高工作效率。

7.6　思考与练习

一、简答题

1. 模板有哪些特点？怎样创建自己的模板以及使用自己的模板创建新文档？

2. 使用宏有什么好处？

二、操作题

设计一个贺卡模板，效果如图 7-38 所示。

图 7-38 制作的贺卡模板

提示:

（1）新建一文档，自定义页面大小为 20×14 厘米，上、下、左、右页边距均为 1 厘米，如图 7-39 所示。

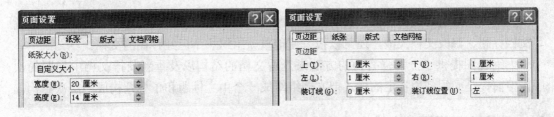

图 7-39 页面设置参数

（2）插入"素材与实例" > "第 7 章" > "1.jpg"图片，并将其"叠放次序"设置为"衬于文字下方"。

（3）输入祝福词并设置格式。其中"祝"字的格式为: 汉仪菱心体简、小初、绿色。其他文字格式为: 汉仪秀英体简、二号、水绿色，强调文字颜色 5、首行缩进 2 字符。

（4）将其保存为"贺卡模板"。

第8章
长文档编排

本章内容提要

章前导读

为了便于管理长文档，特别是由若干小文档（称为子文档）组成的长文档，Word 专门设计了一些用于长文档编排的功能和特性，例如用大纲视图方式组织文档，用主控文档来管理子文档，在文档中编排目录和索引，在文档中插入脚注、尾注或题注等说明性的文字等。

8.1　使用大纲视图辅助创建文档

大纲视图最适合编写和修改具有多级标题的文档，使用"大纲视图"不仅可以直接编写文档标题、修改文档大纲，还可以很方便地重新组织一个已经存在的文档。

大纲视图提供了一种强有力的方法来查看文档的结构以及重新安排文档中标题的次序，但前提是必须使用特定的样式把文档组织成一个由主标题和子标题构成的层次结构。

8.1.1　在大纲视图下安排文档结构

当我们完成对一篇文档的构思后，最好先把该文档的纲目框架建立好，也就是我们通常所说的大纲，以方便后期的写作。下面我们通过制作"操作键盘（大纲）"文档的大纲，介绍在大纲视图中建立文档纲目结构的基本方法，具体操作步骤如下：

步骤 1　按【Ctrl+N】组合键新建一文档。单击"视图"选项卡上"文档视图"组中的"大纲视图"按钮，如图 8-1 所示。

步骤 2　进入大纲视图模式后，可以看到功能区中出现了"大纲"选项卡，

图 8-1　单击"大纲视图"按钮

该选项卡是专门为用户建立和调整文档纲目结构设计的。输入文档标题文本"操作键盘"，可以看到输入的标题段落被 Word 自动赋予"1 级"标题样式，如图 8-2 所示。

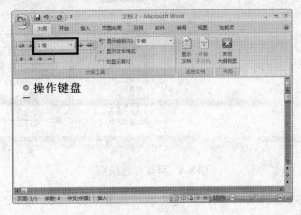

图 8-2 输入标题文本

步骤 3 按【Enter】键换行，输入下一个标题文本"键盘基本操作"，如图 8-3 左图所示。用同样的方法输入其他所有标题文本，效果如图 8-3 右图所示。

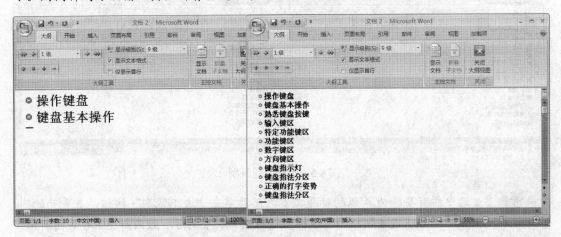

图 8-3 输入其他标题文本

8.1.2 在大纲视图下改变标题的级别

默认情况下，在大纲视图中输入的标题均为 1 级（即最高级）标题，这从图 8-3 所示可以看到。此时我们可通过提升或降低标题及其子标题和正文的级别，重新组织文档。

选中要调整级别的标题内容，通过在"大纲级别" 1级 下拉列表中选择所需级别，或单击"大纲"选项卡上的 ↞（提升至标题 1）、← （升级）或 → （降级）、↠（降级为正文）按钮，都可轻松地调整标题级别。

下面来调整"操作键盘（大纲）"文档中的大纲级别，具体操作步骤如下：

步骤 1 选中所有要降为 2 级标题的文本，单击一次"降级"按钮，如图 8-4 左图所示，结果如图 8-4 右图所示。

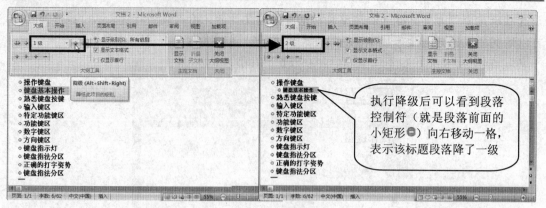

图 8-4　降低标题级别

步骤 2　选中所有要降为 3 级的标题文本，然后单击两次"降级"按钮或单击"大纲级别"按钮，在展开的列表中选择"3 级"，如图 8-5 左图所示，结果如图 8-5 右图所示。

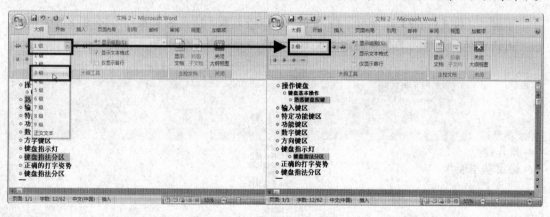

图 8-5　改变标题级别

步骤 3　选中所有要降为 4 级的标题文本，然后单击"大纲级别"按钮，在展开的列表中选择"4 级"，如图 8-6 左图所示，这样标题级别就调整好了，效果如图 8-6 右图所示。

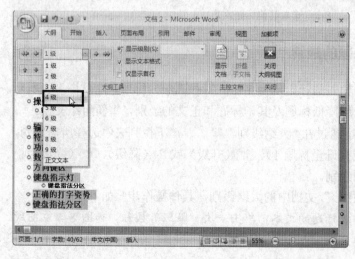

图 8-6　调整标题级别

用户还可以用键盘改变标题级别，方法是：将光标放置在要改变级别的标题行上或选中标题，然后直接按【Tab】(或【Shift+Tab】)键，每按一次【Tab】(或【Shift+Tab】)键，标题就降低(或提升)一个级别。按上述方法改变标题级别时，标题下的子标题及正文也同时被移动或改变级别。

8.1.3　改变大纲视图下的标题显示级别

　　在大纲视图模式下，利用"大纲"选项卡上"大纲工具"组中的按钮，可控制大纲视图的显示。各按钮的意义如下：

> ➤ 　显示级别(S): 9级 ：控制显示的标题级别。单击右侧的三角按钮，在弹出的列表中可选择要显示的标题级别，如图 8-7 所示。

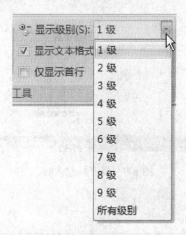

图 8-7　"显示级别"列表

> ➤ 　＋ －：展开或折叠标题下的文字。
> ➤ 　仅显示首行：控制是否只显示各段落的首行文字。
> ➤ 　显示文本格式：控制是否显示文本格式。

8.1.4　标题的展开与折叠

　　在大纲视图模式下，利用"大纲"选项卡上"大纲工具"组中的"展开"按钮＋或"折叠"按钮－，可以展开或者折叠标题下面的内容。

　　如要折叠某一标题下面的内容，可在该标题行中单击鼠标，然后单击"大纲"工具栏中的"折叠"按钮－，如图 8-8 所示，将该标题行下的内容折叠。此时折叠的标题下面有虚线，表示该标题下还有其他的内容，这些内容被隐藏起来了。

　　如要展开某一标题下面的内容，可在该标题行中单击鼠标，然后单击"大纲"工具栏中的"展开"按钮＋，如图 8-9 所示，将该标题行下的内容展开。

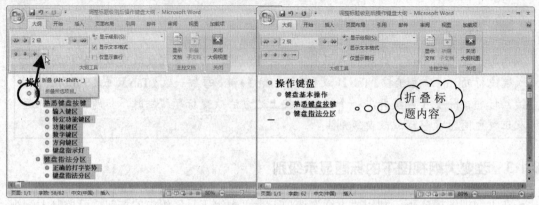

图 8-8　折叠标题内容

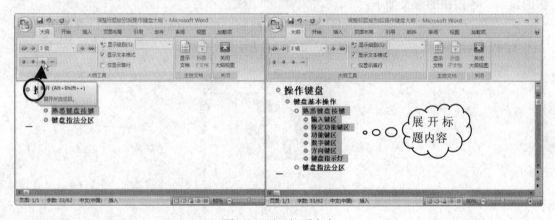

图 8-9　展开标题内容

当标题下方有次级标题或正文内容时，标题前面的矩形 ➖ 会变为 ➕ 十字形。双击各级标题前面的 ➕ 符号也可展开或折叠标题下的文字。

8.1.5　在大纲视图下移动标题及其内容的位置

在大纲视图中移动或复制标题时，可以将该标题下的所有下级标题及正文文本一起移动或复制，这使得重新安排各级标题的次序变得十分方便。

下面来调整"调整标题级别后操作键盘大纲"文档的标题位置，使其更符合要求，操作步骤如下：

步骤 1　打开素材文档"调整标题级别后操作键盘大纲"，将鼠标指针移到要平级移动的标题前的 ➕、➖ 号或一个正文段落前的 ● 符号上，如图 8-10 左图所示。

步骤 2　当鼠标指针变成 ✛ 形状时，向上或向下拖动该标题或正文段落，拖动时会出现一条带 ▶ 符号的水平线，如图 8-10 右图所示。

步骤 3　将该标题或正文段落拖至新的位置后释放鼠标，即可将标题内容移动到新位置，如图 8-11 左图所示。用同样的方法调整其他标题内容，最终效果如图 8-11 右图所示。

图 8-10　选中并移动标题

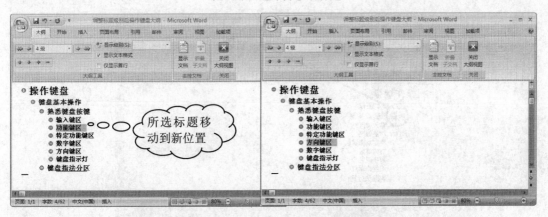

图 8-11　移动标题内容后的效果

　　将光标定位在要移动的标题中，单击"大纲工具"组中的上移和下移按钮也可上下移动标题及其下面的内容。

8.2　使用主控文档

　　在生成和编辑一个包含多个章节的书或者包含多个部分的报告时，如果用普通的编辑方法，在其中查看特定的内容或对某一部分内容作修改和补充将会非常费劲；如果这个文档是由几个人来共同编辑完成，可能会引起混乱；如果将文档的各个部分分别作为独立的文档，又无法对整篇文章作统一处理。

　　为此，Word 提供了一种可以包含和管理多个"子文档"的文档，也就是主控文档。使用主控文档，可以轻松组织多个子文档，并将它们当作一个文档来处理，对其进行查看、重新组织、设置格式、校对、打印和创建目录等操作。由于子文档与主控文档之间只是建立了链接关系，而每个子文档是独立存在的，所以，用户可单独对某一子文档进行编辑，主控文档中相应的子文档也同时得到更新。

8.2.1 创建主控文档与子文档

主控文档是子文档的一个"容器"。每一个子文档都是独立存在于磁盘中的文档，它们可以在主控文档中打开，受主控文档控制，也可以单独打开。

在 Word 2007 中，不但可以新建一个主控文档，而且可以将已有文档转换为主控文档。这样，用户就可以在以前工作的基础上，用主控文档来组织和管理长文档了。将已有文档转换为主控文档的操作步骤如下：

步骤 1 打开上节制作的"调整标题内容后操作键盘大纲"文档，切换到大纲视图模式下，将光标放置在要创建为子文档的标题位置，单击"大纲"选项卡上"主控文档"组中的"显示文档"按钮，展开该组，然后单击"创建"按钮，如图 8-12 所示。

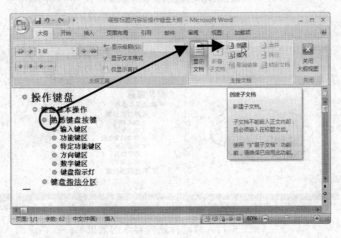

图 8-12　打开文档并单击"创建"按钮

步骤 2 此时，所选标题周围显示了一个灰色细线方框，其左上角显示了一个子文档标记，表示该标题及其下级标题和正文内容成为该主控文档的子文档，如图 8-13 所示。

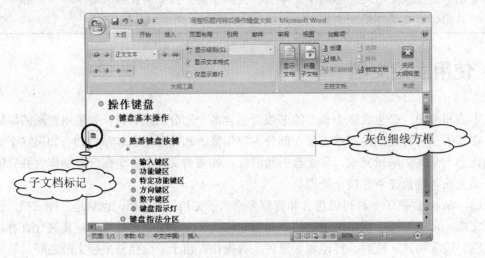

图 8-13　创建子文档

步骤 3 输入正文内容，如图 8-14 所示，子文档之间用分节符隔开。

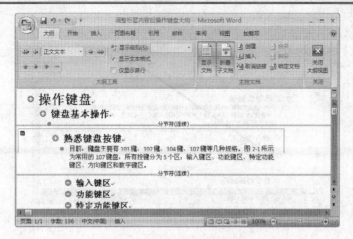

图 8-14　输入子文档内容

> 如果文档中已经存在子文档，而且文档中的子文档处于折叠状态，那么"创建"按钮会无效。要使它有效，需要首先单击"展开子文档"按钮。

步骤 4　将该文档另存为"操作键盘"，Word 在保存主控文档的同时，会自动保存创建的子文档，并且以子文档的第一行文本作为文件名，如图 8-15 所示。

图 8-15　保存主控文档

> 不管主控文档的文件名如何，每个子文档指定的文件名不会影响，因为它只是根据第一行的文本自动命名的。若文件名相同，会自动在后面加上"1，2，…"来区别。

8.2.2　在主控文档中插入子文档

在主控文档中，可以插入一个已有文档作为主控文档的子文档。这样，就可以用主控文档将已经编辑好的文档组织起来。例如，作者交来的书稿是以一章作为一个文件来交稿的，编辑可以为全书创建一个主控文档，然后将各章的文件作为子文档分别插进去。例如，要把"素材与实例">"第 8 章">"输入键区"文档作为子文档插入到主控文档中，操作步骤如下：

步骤 1　将光标放置在要插入子文档的位置，展开"主控文档"组，单击"插入"按钮，如图 8-16 所示。

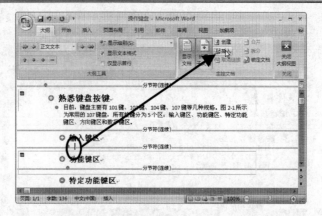

图 8-16 定位光标后单击"插入"按钮

步骤 2 打开"插入子文档"对话框，找到文件所在位置，选择要插入的子文档"输入键区"，如图 8-17 所示，然后单击"打开"按钮。

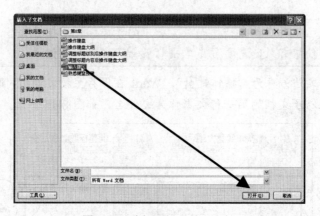

图 8-17 选择要插入的子文档

步骤 3 所选文档作为子文档插入到主控文档中，如图 8-18 所示，用户可以像处理其他子文档一样处理该子文档。

图 8-18 插入已有文档到主控文档中

8.2.3 打开、编辑子文档

在主控文档中，可以对某个子文档进行单独编辑。要打开子文档并进行编辑操作，可按如下操作步骤进行：

步骤 1 关闭主控文档后，再次将其打开时，其中的子文档会以超级链接的形式显示，如图 8-19 所示。

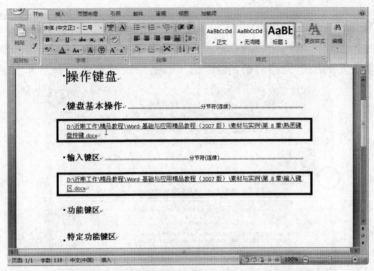

图 8-19 以超级链接的形式显示的主控文档

步骤 2 按住【Ctrl】键的同时单击子文档名称，此时，Word 将在新窗口中显示子文档内容，如图 8-20 所示，此时若要关闭子文档并返回到主控文档，可单击"Office 按钮"，在展开的列表中选择"关闭"。

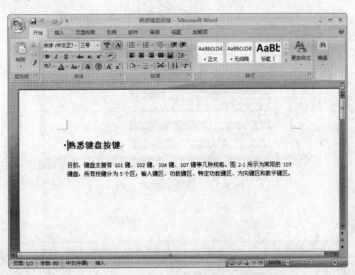

图 8-20 打开子文档并进行编辑操作

步骤 3 打开子文档后，用户就可以像编辑一般文档一样对子文档进行编辑操作。

进入"大纲视图"后，当文档处于展开状态时，如果要在新窗口中打开该子文档，可以双击该子文档的 █ 标记。

8.2.4　在主控文档中删除子文档

对于不再使用的子文档，我们可将其从主控文档中删除。操作步骤如下：

步骤1　打开主控文档，使"折叠子文档"按钮 █ 处于按下状态，展开所有子文档。

步骤2　单击要删除子文档前面的 █ 标记，以选中该子文档，如图 8-21 所示。

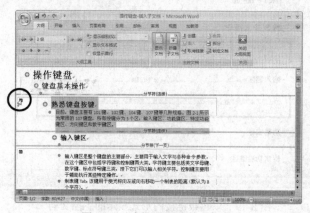

图 8-21　选择要删除的子文档

步骤3　按键盘上的【Delete】键，所选子文档被删除，如图 8-22 所示。

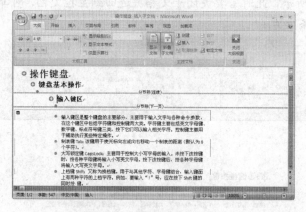

图 8-22　删除所选文档

在主控文档中删除子文档，只是删除了与该子文档的链接关系，该子文档仍保存在原位置。

选中子文档后，若单击"主控文档"组中的"取消链接"按钮 █ ，子文档标记消失，该子文档内容成为主控文档的一部分。

8.3　上机实践——制作亚健康报告大纲

下面我们通过创建一个亚健康报告大纲，来熟悉一下利用大纲视图安排文档结构、调整文档标题级别，并在其中输入正文文字和添加子文档的方法，具体操作步骤如下：

步骤 1　按【Ctrl+N】组合键新建一文档。

步骤 2　单击"视图"选项卡，在"文档视图"组中单击"大纲视图"按钮，切换到大纲视图模式。输入标题文字"亚健康报告"，如图 8-23 左图所示。

步骤 3　按【Enter】键换行，输入下一个标题文字"一、概况"。同样地，依次输入所有标题文字，结果如图 8-23 右图所示。

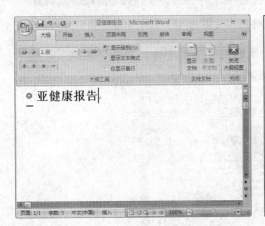

图 8-23　输入标题文字

步骤 4　选中要降为 2 级的标题文字，单击"大纲级别"右侧的按钮，在展开的列表中选择"2 级"或单击"大纲级别"按钮右侧的"降级"按钮，如图 8-24 所示。

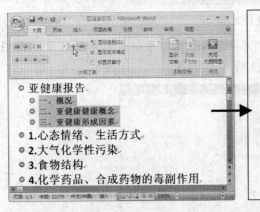

图 8-24　调整二级标题

步骤 5　用同样的方法，选定要作为 3 级标题的文字，然后单击"大纲级别"按钮，在展开的列表中选择"3 级"或单击两次"降级"按钮，结果如图 8-25 左图所示。

步骤 6　此时就可在各标题下输入正文文字了，如图 8-25 右图所示。

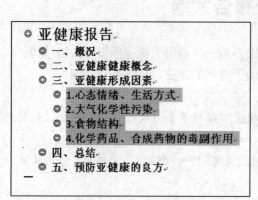

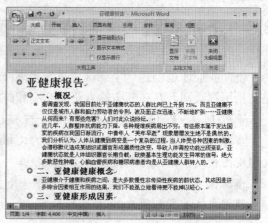

图 8-25　调整三级标题并输入正文文字

步骤 7　将光标放置在标题"五、预防亚健康的良方"的下方，单击"大纲"选项卡上"主控文档"组中的"插入"按钮，如图 8-26 所示。

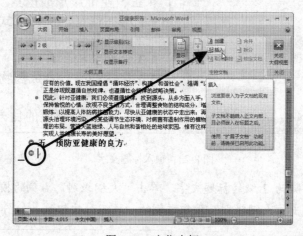

图 8-26　定位光标

步骤 8　打开"插入子文档"对话框，选择本书配套素材"素材与实例\第 8 章\预防亚健康的良方"文档，如图 8-27 所示，然后单击"打开"按钮。

图 8-27　选择要插入的子文档

步骤 9 此时，标题"五、"的下方就插入了一个子文档，如图 8-28 所示。

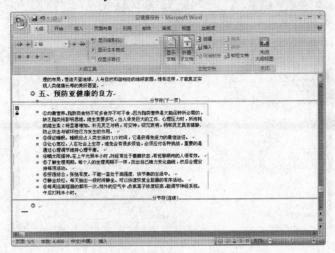

图 8-28 插入子文档效果

8.4 编制目录与索引

目录的作用是列出文档中的各级标题及其所在的页码。一般情况下，所有的正式出版物都有一个目录，其中包含书刊中的章、节及各章节的页码位置等信息，方便读者查阅。所以，编制目录是编辑长文档中一项非常重要的工作。有了目录，用户就能很容易地知道文档中有什么内容，如何查找内容等。

索引的主要作用是列出文档的重要信息及其页码，方便读者快速查找。

8.4.1 创建目录

Word 一般是利用标题或者大纲级别来创建目录的。因此，在创建目录之前，应确保希望出现在目录中的标题应用了内置的标题样式，也可以应用包含大纲级别的样式。如果文档的结构性能比较好，创建目录就会变得快速、简便。

编制了目录以后，用户只要单击目录中的某个页码，就可以跳转到该页码对应的标题，这是因为页码实际上是被引用的。

下面我们以创建"操作键盘（完成稿）"文档的目录为例，介绍创建目录的方法，因为该文档中包含子文档，所以要先将子文档展开，再提取目录。具体操作步骤如下：

步骤 1 打开素材文档"素材与实例"＞"第 8 章"＞"操作键盘（完成稿）"，切换到"大纲视图"模式，单击"显示文档"按钮，再单击"展开子文档"按钮，最后切换到"页面视图"。

步骤 2 单击要插入目录的位置（一般在文档的开头），然后单击"引用"选项卡，单击"目录"组中的"目录"按钮，在展开的列表中选择一种目录样式，如"自动目录 1"，如图 8-29 所示。

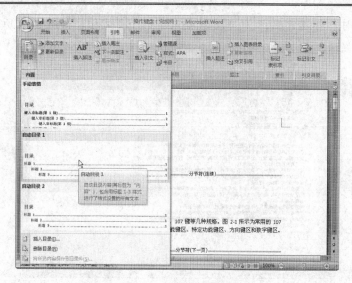

图 8-29　选择内置目录样式

步骤3　在所选位置插入目录，如图 8-30 所示。

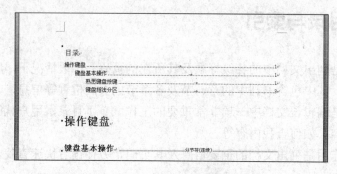

图 8-30　插入内置目录

若单击目录样式列表底部的"插入目录"选项，可打开如图 8-31 所示的"目录"对话框，在其中可自定义目录的样式。

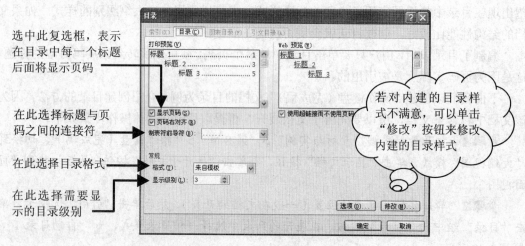

选中此复选框，表示在目录中每一个标题后面将显示页码

在此选择标题与页码之间的连接符

在此选择目录格式

在此选择需要显示的目录级别

若对内建的目录样式不满意，可以单击"修改"按钮来修改内建的目录样式

图 8-31　"目录"对话框

若要删除在文档中插入的目录，可单击"目录"列表底部的"删除目录"项，或者选中目录后按【Delete】键。

8.4.2 更新目录

Word 所创建的目录是以文档的内容为依据，如果文档的内容发生了变化，如页码或者标题发生了变化，就要更新目录，使它与文档的内容保持一致。

如果只是想更新目录中的内容，以适应文档的变化，可以右击目录，在弹出的快捷菜单中单击【更新域】项，也可以选择目录后，按下【F9】键更新域，还可以执行如下的操作步骤来更新目录。

步骤 1 单击需更新目录的任意位置，此时目录左上角显示出选项，如图 8-32 所示。

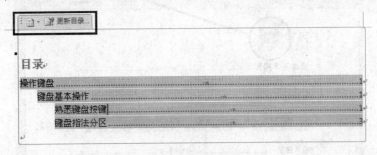

图 8-32 单击目录位置出现选项

步骤 2 单击"更新目录"选项，打开"更新目录"对话框，选择要执行的操作，如图 8-33 所示，然后单击"确定"按钮，目录即可被更新。

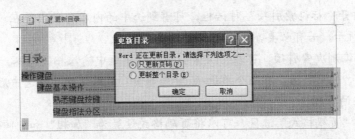

图 8-33 "更新目录"对话框

其中：

➢ **只更新页码**：表示只更新目录中的页码，其内容不变。

➢ **更新整个目录**：表示更新目录中的所有内容。

创建了目录后，如果想改变目录的格式或者显示的标题等，可以再执行一次创建目录的操作，重新选择格式和显示级别等选项。

8.4.3 标记索引项

创建索引就是将文档中出现的重点词汇提取出来，按笔画或拼音顺序分类，并为每个词汇标记它在文档中的页码。这样，当我们想要查找某个词汇时，就可以根据索引查到它出现的位置。

在创建索引之前，应该首先标记索引项。下面以标记"操作键盘（完成稿）"文档中的索引项"键盘"和"触觉"为例，介绍如何标记索引项，操作步骤如下：

步骤 1 选中要作为索引项的文本，可以是某个词或短语，本例中为"键盘"，如图 8-34 所示。

步骤 2 单击"引用"选项卡上"索引"组中的"标记索引项"按钮，如图 8-34 所示。

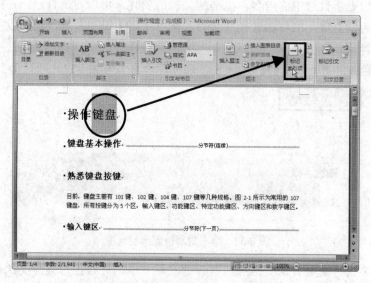

图 8-34 选取索引文本后单击"标记索引项"按钮

步骤 3 打开"标记索引项"对话框，可看到选中的内容自动出现在"主索引项"框中，如图 8-35 所示，若有必要，用户可以对其编辑修改。

步骤 4 要编制次索引项，可在"次索引项"编辑框中输入相关文本。

步骤 5 在"选项"区，有三个单选项。"当前页"为默认选项，选中后将在索引项后面显示该项所在的页码。

步骤 6 在"页码格式"选区，可以将页码格式设置为"加粗"和"倾斜"，此处选中这两个复选框，如图 8-35 所示。

步骤 7 单击"标记"按钮，标记选中的索引项；单击"标记全部"按钮，文档中所有与选中文本完全一致的文本都将被标记，此处单击"标记全部"按钮。

步骤 8 Word 将插入一个具有隐藏文字格式的 XE（索引项）域来插入索引项的标记，如图 8-36 所示。

 提 示

> 如未显示索引标记，可单击"开始"选项卡"段落"组中的"显示/隐藏编辑标记"按钮。

步骤 9 保持"标记索引项"对话框的打开状态，选中文档中的"触觉"，单击"标记索引项"对话框的任意位置，如标题栏，编辑框中的内容得到更新，如图 8-37 所示。单击"标记全部"按钮。全部标记完毕，单击"关闭"按钮返回文档窗口。

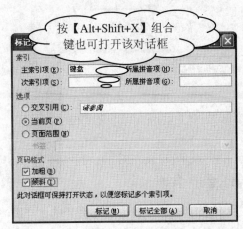

图 8-35　设置索引项

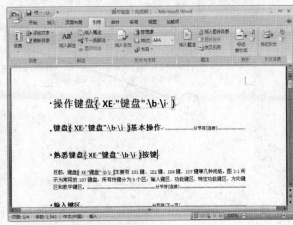

图 8-36　标记出索引项

图 8-37　标记另一索引

8.4.4　删除与修改索引项

标记了索引项后，用户还可以对它们作一些修改或者删除它们。如果要删除某一索引项，可选中整个 XE（索引项）域，包括括号（{}），然后按【Delete】键。要修改某一索引项，只需更改 XE（索引项）域中文字即可。

8.4.5　编制索引

标记了索引项之后，就可以创建索引了。由于索引标记也占用文档空间，所以在提取索引前，需单击"开始"选项卡"段落"组中的"显示/隐藏编辑标记"按钮，隐藏索引标记，否则会导致索引中的页码错误。创建索引的操作步骤如下：

步骤 1　单击要插入索引的位置。

步骤 2　单击"引用"选项卡上"索引"组中的"插入索引"按钮，如图 8-38 所示。

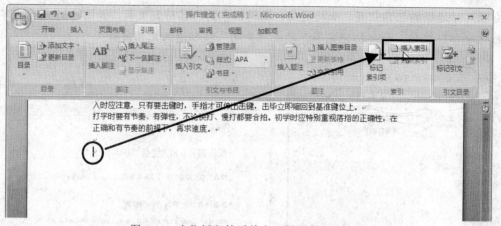

图 8-38　定位插入符后单击"插入索引"按钮

步骤 3　在打开的"索引"对话框的"格式"下拉列表中选择一种索引格式；选中"页码右对齐"复选框，然后在"制表符前导符"下拉列表中选择一种制表符样式；选择"缩进式"类型，在"栏数"框中选择"1"，如图 8-39 所示。

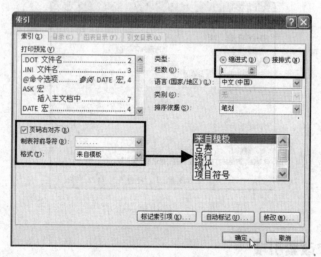

图 8-39　设置索引项

步骤 4　单击"确定"按钮，在光标处根据标记的索引项插入索引，如图 8-40 所示。

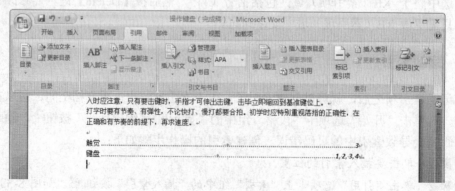

图 8-40　插入索引

8.4.6 更新索引

在更改了索引项或者索引项所在的页码发生了改变后，应该更新索引以适应所作的改动。

更新索引的方法是在希望更新的索引中单击鼠标右键，在弹出的快捷菜单中选择"更新域"项，或者按如下操作步骤进行：

步骤 1 单击要更新的索引，此时"索引"组中的"更新索引"按钮变为可用。

步骤 2 单击"更新索引"按钮，如图 8-41 所示。

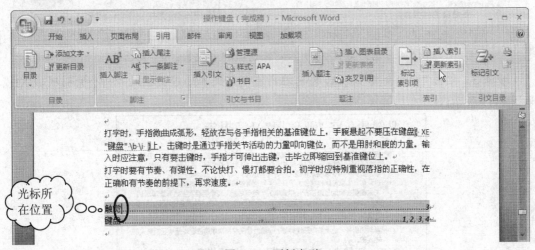

图 8-41 更新索引

也可单击索引后按【F9】键来更新索引。

若在索引中发现错误，找到要更改的索引项，进行更改，然后更新索引。

若是在主控文档中创建索引，则在插入或更新索引之前先扩展子文档。

8.5 上机实践——为亚健康报告创建索引和目录

下面首先在"亚健康报告（子文档）"标记索引项，然后编制索引、提取目录，以此来熟悉一下标记索引项、编制索引和创建目录的方法，具体操作步骤如下：

步骤 1 打开素材文档"素材与实例" > "第 8 章" > "亚健康报告（子文档）"。

步骤 2 选中要标记为索引的文本"亚健康"，然后单击"引用"选项卡上"索引"组中的"标记索引项"按钮，打开"标记索引项"对话框，选中"加粗"复选框，如图 8-42 所示。

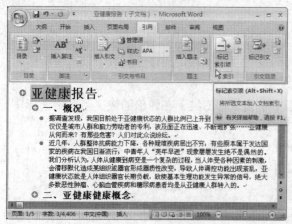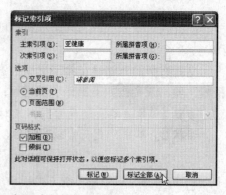

图 8-42 选择要作为索引的文本并打开"标记索引项"对话框

步骤 3 单击"标记全部"按钮，即可在所有所选文本的后面插入了一个索引项域 XE，如图 8-43 所示。

图 8-43 标记索引项

步骤 4 接着标记其他索引项——生活方式、污染和药品。可将鼠标指针移到文档中要插入索引项的位置或选中要作为索引的文本，重复步骤（2）至（3）。标记完毕，单击"关闭"按钮关闭对话框。然后单击"开始"选项卡"段落"组中的"显示/隐藏编辑标记"按钮，隐藏索引标记。

步骤 5 将插入符置于文档中放置索引的位置，然后单击"引用"选项卡上"索引"组中的"插入索引"按钮，如图 8-44 所示。

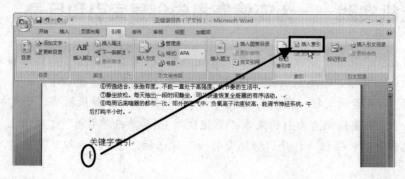

图 8-44 单击"插入索引"按钮

步骤6 打开"索引"对话框,选择"页码右对齐"复选框,类型为"缩进式",栏数为"2",如图 8-45 所示。

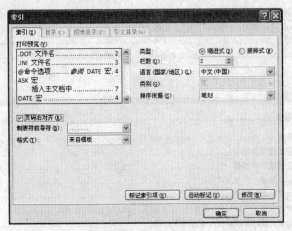

图 8-45 设置索引项

步骤7 单击"确定"按钮,即可完成索引的制作,效果如图 8-46 所示。

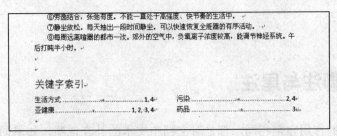

图 8-46 索引制作效果

步骤8 将光标放置在要插入目录的位置,然后单击"引用"选项卡上"目录"组中的"目录"按钮,在展开的列表中单击"插入目录"项,打开"目录"对话框。

步骤9 在"格式"下拉列表中选择一种目录样式;在"显示级别"下拉列表中选择要显示到的级别;在"制表符前导符"下拉列表中选择一种前导符样式,如图 8-47 所示。

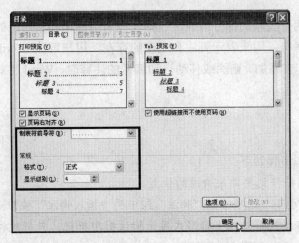

图 8-47 设置目录项

步骤 10 单击“确定”按钮，结果如图 8-48 所示。

关键字索引

生活方式……1, 4　　污染……2, 4
亚健康……1, 2, 3, 4　　药品……3

目录

亚健康报告……1
一、概况……1
二、亚健康健康概念……1
三、亚健康形成因素……1
1.心态情绪、生活方式……1
2.大气化学性污染……2
3.食物结构……3
4.化学药品、合成药物的毒副作用……3
四、总结……4
五、预防亚健康的良方……4

图 8-48　提取的目录

8.6　使用脚注与尾注

脚注和尾注的作用完全相同，都是对文档中文本的补充说明，如单词解释、备注说明或提供文档中引用内容的来源等。

通常情况下，脚注位于页面底端，用来说明每页中要注释的内容。尾注一般列于文档结尾处，用来集中解释文档中要注释的内容或列出引文的出处等。

8.6.1　创建脚注与尾注

脚注和尾注由两个关联的部分组成，包括注释引用标记和其对应的注释文本。这个标记一般是一个上标字符，用来表示脚注和尾注的存在。用户可让 Word 自动为标记编号或创建自定义的标记。在添加、删除或移动自动编号的注释时，Word 将对注释引用标记重新编号。

1. 插入脚注

插入脚注的操作步骤如下：

步骤 1 将插入符移到要插入脚注的位置。

步骤 2 单击“引用”选项卡上“脚注”组中的“插入脚注”按钮 AB¹，如图 8-49 所示。

步骤 3 此时在插入符处以上标形式显示脚注引用标记，光标跳转至页面底端的脚注编辑区，输入脚注内容，如图 8-50 所示。

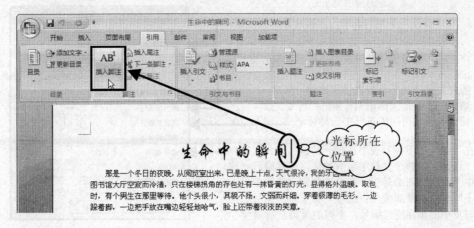

图 8-49　单击"插入脚注"按钮

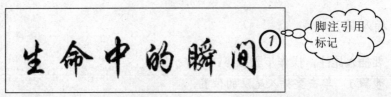

于是总在想，如果我们都能保持一份美好的天性，保持一颗单纯的赤子之心，那么人类将多么和谐，世界将多么美好！

―――――――――
1 一眨眼的工夫，转瞬之间。

图 8-50　输入脚注内容

提 示

　　确定插入符后，按【Ctrl+Alt+F】组合键可直接跳转到页面底端，输入脚注文本即可。

步骤 4　用同样的方法可继续在文档中插入脚注，Word 会自动对脚注进行编号，如图所 8-51 示。

边轻轻地哈气，
丁光太温馨2，亦
到他跟前，握住

于是总在想，如果我们都能保持一份美好的天性，保持一颗单纯的赤子之心，那么人类将多么和谐，世界将多么美好！

―――――――――
1 一眨眼的工夫，转瞬之间。
2温柔甜美；温暖馨香。

图 8-51　插入其他脚注

　　若要对脚注（或尾注）的格式进行设置，可单击"脚注"组右下角的对话框启动器，在打开的"脚注和尾注"对话框中进行设置，如图 8-52 所示。

在"脚注"下拉列表中设置脚注显示的位置

在"编号格式"下拉列表中设置编号格式

要使用自定义标记替代传统的编号格式，请单击"自定义标记"右侧的"符号"按钮，然后从可用的符号中选择标记

在"编号"下拉列表中选择一种编号样式，选择"连续"，整个文档中所有的脚注连续编号；选中"每节重新编号"，每节中的脚注连续编号，不同的节则重新编号；选中"每页重新编号"，每页中的脚注连续编号，不同的页则重新编号

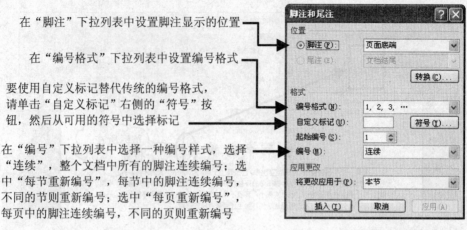

图 8-52　"脚注和尾注"对话框

2. 插入尾注

要插入尾注，操作步骤如下：

步骤1　单击要插入尾注的位置。

步骤2　单击"引用"选项卡上"脚注"组中的"插入尾注"按钮，如图 8-53 所示。

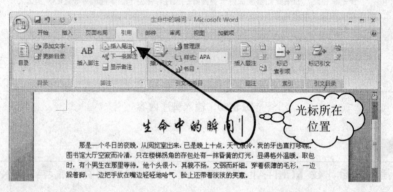

图 8-53　定位插入符后单击"插入尾注"按钮

步骤3　光标跳转到文档结束位置的尾注编辑区域，输入尾注文本，如图 8-54 上图所示，此时，文档中以上标形式显示尾注标记，如图 8-54 下图所示。

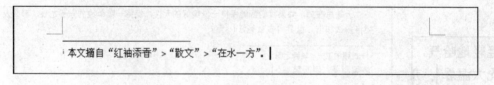

图 8-54　插入尾注

> 确定插入符后，按【Ctrl+Alt+D】组合键可直接跳转到文档结尾处，然后输入尾注文本即可。

步骤 4 用同样的方法继续在文档中插入尾注，Word 会自动为其进行编号。

8.6.2 查看脚注与尾注

用户可在浏览文档正文时查看脚注或尾注中的注释内容。将鼠标指针移至脚注或尾注标记上，该标记旁将出现浮动窗口，显示注释文本内容，如图 8-55 所示。

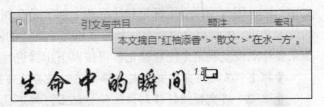

图 8-55 查看脚注和尾注

单击"引用"选项卡"脚注"组中的"显示备注"按钮，打开"查看脚注"对话框，如图 8-56 所示，选择"查看脚注区"单选钮，可以查看脚注区中某条脚注内容，再次单击"显示备注"按钮将跳转到该脚注标记处；选择"查看尾注区"单选钮，可以查看尾注区的某条尾注内容，再次单击"显示备注"按钮，将跳转到该尾注标记处。

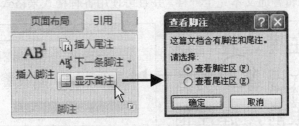

图 8-56 查看脚注与尾注

如果文档中有多处脚注和尾注，单击"脚注"组中的"下一条脚注"按钮，可跳转至下一处脚注标记或脚注内容位置查看；若单击其右侧的三角按钮，在展开的列表中选择相应的选项，如图 8-57 左图所示，可在文档中所有的脚注和尾注标记或内容位置之间跳转。

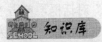

> 此外，在垂直滚动条上单击"选择浏览对象"按钮，然后在弹出的列表中单击"按脚注浏览"图标或"按尾注浏览"图标，如图 8-57 右图所示，可以很方便地在脚注或尾注标记间前后移动，并找到要查看的脚注或尾注。

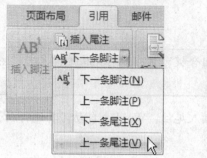

图 8-57　查看上一条或下一条脚注或尾注

8.6.3　编辑脚注与尾注

插入脚注和尾注后，用户可根据需要移动、复制注释标记，其方法与移动、复制普通文字一样，因为注释引用标记和注释两个部分是互相对应链接的，当它们移动或复制到新的位置之后，系统将会对所有注释重新编号，具体的注释内容也会相应地调换位置。其中，如果要移动或复制某个注释标记，可按以下步骤进行操作：

步骤1　在文档窗口中选定注释标记，使其反白显示。

步骤2　将鼠标指针移到该注释标记上，按下鼠标左键并拖动，将注释标记拖至文档中的新位置，然后释放鼠标左键即可移动注释。如果在拖动时按住【Ctrl】键，则该操作为复制。

另外，用户也可以使用"剪切"、"复制"和"粘贴"命令来移动或复制脚注或尾注引用标记。

若双击文档中的脚注或尾注标记，可快速跳转至该脚注或尾注内容所在位置，如图8-58所示。编辑方法与编辑普通文本完全一样，并且可使用各种格式来格式化脚注或尾注文本。

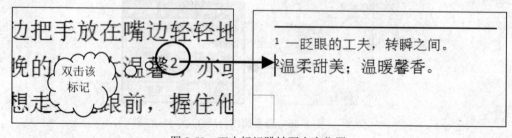

图 8-58　双击标记跳转至内容位置

8.6.4　转换脚注和尾注

单击"脚注"组右下角的对话框启动器按钮，打开"脚注和尾注"对话框，单击"转换"按钮，打开"转换注释"对话框，可以将脚注和尾注互相转换，也可以统一转换为一种注释，如图8-59所示。

若只是将个别的注释转换为脚注或尾注，可将光标放置在要进行转换的脚注或尾注内容（非标记）上，右击鼠标，从弹出的快捷菜单中选择"转换为脚注"或者"转换至尾注"菜单，如图8-60所示。

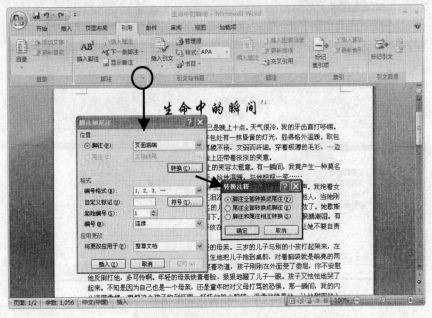

图 8-59　转换脚注和尾注

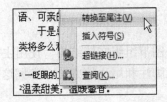

图 8-60　转换个别脚注和尾注

8.6.5　删除脚注与尾注

要删除某个注释，可以在文档中选定相应的注释标记后，按【Delete】键，Word 会自动删除该标记及其对应的注释文本，并对后面的注释重新编号。

如果要删除所有自动编号的脚注或尾注，可按以下步骤进行操作：

步骤 1　单击"开始"选项卡上"编辑"组中的"替换"按钮，打开"查找和替换"对话框。

步骤 2　单击"更多"按钮，然后单击"特殊格式"按钮，打开"特殊格式"列表。

步骤 3　从"特殊格式"列表中选择"脚注标记"或者"尾注标记"选项，如图 8-61 所示。

步骤 4　清除"替换为"文本框中的所有内容。

步骤 5　单击"全部替换"按钮，在打开的提示对话框中单击"确定"按钮，则所有的脚注或尾注的编号就全部被删除。

> 对于自定义的脚注或尾注引用标记，每次只能删除一个。

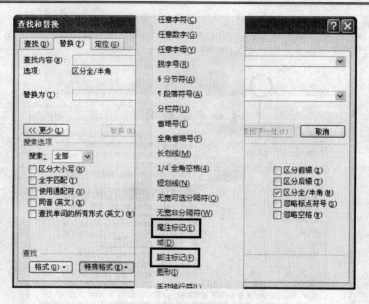

图 8-61 "特殊格式"列表

8.7 学习总结

本章主要介绍了长文档的编排方法，如在大纲视图下组织文档结构，使用主控文档管理子文档，编制文档目录与索引，以及在文档中插入脚注和尾注的方法。掌握这些内容，可帮助我们快速、高效地完成长文档的编排。

8.8 思考与练习

一、简答题

1. 如何在大纲视图下创建文档的大纲？
2. 如何创建主控文档与子文档？
3. 如何创建目录与索引？
4. 如何创建脚注与尾注？

二、操作题

（1）在大纲视图模式下创建一个如图 8-62 所示的"暑期'三下乡'活动侧记大纲"文档。

（2）参考"素材与实例">"第 8 章">"三下乡活动"文档内容，在图 8-62 中的大纲视图中创建主控文档和子文档，并另存文档。将某个小节另存作为子文档插入到其中。

（3）为该文档中的某些词语标记索引项，然后提取索引和目录。

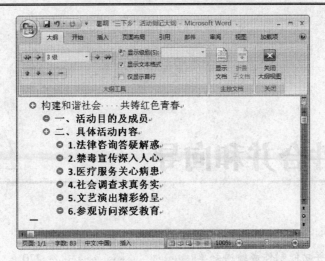

图 8-62　大纲示例

第9章

使用邮件合并和向导

本章内容提要

章前导读

　　在日常办公事务处理中，经常会遇到把一些内容相同的公文、信件或通知发送给不同的地址、单位或个人，这时我们就可以利用 Word 中的"邮件合并"功能来方便地解决这个问题。而利用 Word 中的中文信封向导，用户可以轻松地制作单个或多个中文信封。

9.1　使用邮件合并功能制作成绩通知单

　　邮件合并的目的在于加速创建一个文档并发送给多个人的过程。

　　执行邮件合并操作时涉及两个文档，主文档文件和数据源文件。主文档是邮件合并内容中固定不变的部分，即信函中通用的部分。数据源文件主要用于保存联系人的相关信息。

　　在执行邮件合并操作之前首先要创建这两个文档，然后将它们关联起来，也就是标识数据源文件中的信息在文档的什么地方出现。完成后"合并"这两个文档，就可以为每个收件人创建邮件。

　　下面以批量制作如图 9-1 所示的成绩通知单为例，介绍邮件合并功能的使用方法。

9.1.1　建立数据源文件

　　要批量制作成绩通知单，就需要有学生姓名、各科成绩等信息。用户可以在邮件合并中使用多种格式的数据源，如 Microsoft Outlook 联系人列表，Access 数据库、Excel 或 Word 文档等。下面以 Word 文档为例，介绍创建数据源的方法。

　　步骤 1　按【Ctrl+N】组合键新建一个文档。在文档中输入数据源文件内容。其中，第 1 行为标题行，其他行为记录行，如图 9-2 所示。

　　步骤 2　将文档以"学生名单"文件名保存，这样数据源就创建好了。

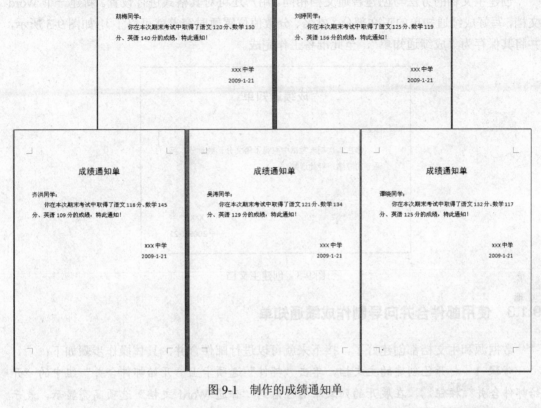

图 9-1 制作的成绩通知单

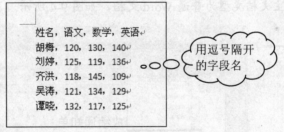

图 9-2 创建的数据源

提 示

　　将 Word 文档作为数据源文件时，其中的每一个段落都代表了一条记录。在邮件合并过程中，一条记录会产生一个输出。

　　每条记录中各字段之间可用逗号或者制表符加以分隔。

　　数据文件的第一段是一个特别的段落，它被称为字段名称段落。这个段落中包含的是每条记录中各字段的名称，其下的段落才是真正的记录。每条记录的字段数目和各字段的顺序，都必须与字段名称段落中所定义的字段完全相同，否则邮件合并时会发生错误。

9.1.2 建立主文档

创建主文档的方法与创建普通文档相同。用户还可对其格式进行设置。新建一个 Word 文档，写好成绩通知单的正文部分（姓名、分数值位置暂时空着就可以了），如图 9-3 所示，并将其保存为"成绩通知单"，至此准备工作完成。

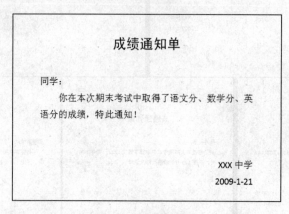

图 9-3 创建主文档

9.1.3 使用邮件合并向导制作成绩通知单

数据源和主文档都创建好了，接下来就可以进行邮件合并，具体操作步骤如下：

步骤 1 打开已创建的主文档，单击"邮件"选项卡上"开始邮件合并"组中的"开始邮件合并"按钮，在展开的列表中的可看到"普通 Word 文档"选项高亮显示，表示当前编辑的主文档类型为普通 Word 文档，如图 9-4 所示。

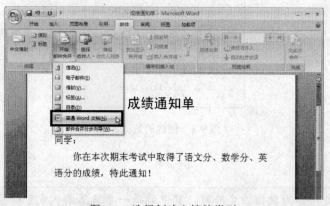

图 9-4 选择创建文档的类型

若在列表中选择"信函"、"电子邮件"、"信封"或"标签"选项，表示创建相应类型的文档。

步骤 2 单击"开始邮件合并"组中的"选择收件人"按钮，在展开的列表中选择"使用现有列表",如图9-5所示。

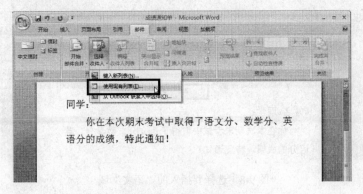

图9-5 选择数据源文件

步骤3 打开"选取数据源"对话框,选中创建好的数据文件——"学生名单"文档,如图9-6所示,然后单击"打开"按钮。

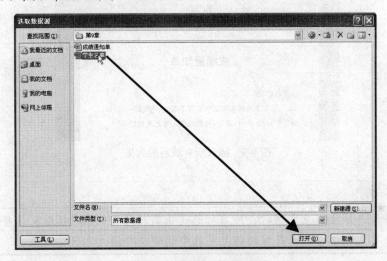

图9-6 选择数据源文件

步骤4 将插入符放置在文中第一处要插入合并域的位置,即"同学"二字的左侧,然后单击"插入合并域"按钮,在展开的列表中选择要插入的域——"姓名",如图9-7左图所示,结果如图9-7右图所示。

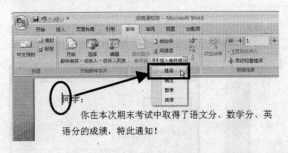

《姓名》同学:

你在本次期末考试中取得语分的成绩,特此通知!

图9-7 选择并插入"姓名"域

步骤5 将插入符置于第二处要插入合并域的位置,即"语文"的右侧,单击"插入合并域"按钮，选择要插入的域——"语文"，如图 9-8 所示。

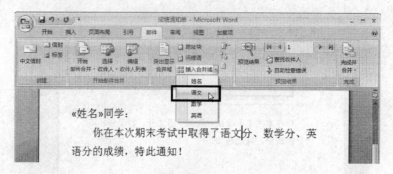

图 9-8　选择要插入的"语文"域

步骤 6　用同样的方法插入"数学"和"英语"域，效果如图 9-9 所示。

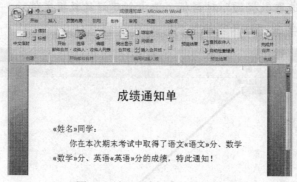

图 9-9　插入所有域后的效果

将邮件合并域插入主文档时，域名称总是由尖括号（« »)括住。这些尖括号不会显示在合并文档中它们只是帮助将主文档中的域与普通文本区分开来。

步骤 7　单击"完成并合并"按钮，在展开的列表中选择"编辑单个文档"，如图 9-10 所示，系统将产生的邮件放置到一个新文档。

步骤 8　在打开的"合并到新文档"对话框中选择"全部"单选钮，如图 9-11 所示，然后单击"确定"按钮。

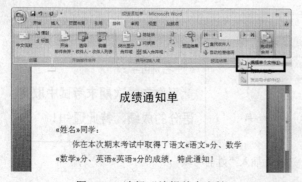

图 9-10　选择"编辑单个文档"

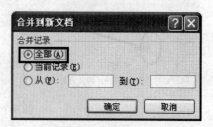

图 9-11　选择"全部"单选钮

步骤 9 Word 将根据设置自动合并文档并将全部记录存放到一个新文档中，合并完成的文档的份数取决于数据表中记录的条数，最终效果如图 9-1 所示。

9.2 上机实践——批量制作工作证

下面我们通过批量制作如图 9-12 所示的工作证，来进一步熟悉邮件合并功能的使用方法，具体操作步骤如下：

图 9-12 制作的工作证

步骤 1 创建主文档。新建一 Word 文档，纸张大小为：10×7 厘米，上、下、左、右页边距均为 1 厘米，纸张方向为 "横向"，输入主文档内容并设置格式，如图 9-13 所示，然后将其保存为 "工作证"。

步骤 2 将插入符置于主文档 "姓名:" 的右侧，然后单击 "邮件" 选项卡上 "开始合并邮件"组中的"选择收件人"按钮，在展开的列表中选择"键入新列表"，如图 9-14 所示。

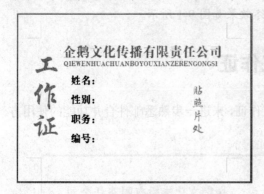

图 9-13　创建主文档

图 9-14　选择"键入新列表"选项

步骤 3　打开"新建地址列表"对话框，单击"自定义列"按钮"，如图 9-15 左图所示，打开"自定义地址列表"对话框，单击"添加"按钮，在打开的"域"对话框中输入域名"编号"，如图 9-15 右图所示，然后单击"确定"按钮返回"自定义地址列表"对话框。再次单击"添加"按钮，添加"性别"域。然后单击"确定"按钮返回"新建地址列表"对话框。

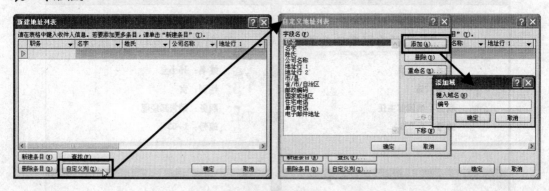

图 9-15　选择数据源

步骤 4　在对话框中的"职务"编辑框中输入第一个员工的职务，按【Tab】键移动光标，依次输入第一个员工的所有信息，如图 9-16 所示。

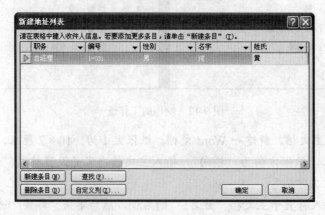

图 9-16　输入第一个员工的信息

步骤 5 单击"新建条目"按钮，然后输入第二个员工的信息，如图 9-17 左图所示。用同样的方法将其他员工的信息输入，结果如图 9-17 右图所示。

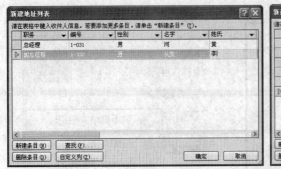 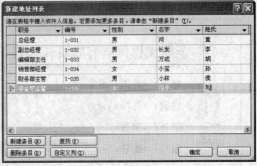

图 9-17 输入所有员工信息

步骤 6 单击"确定"按钮，打开"保存通讯录"对话框，输入文件名，如图 9-18 所示，然后单击"保存"按钮。

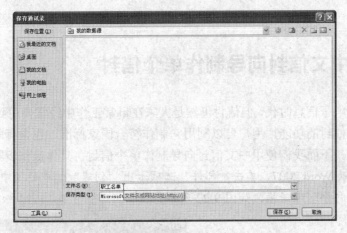

图 9-18 保存通讯录

步骤 7 将插入符置于"姓名:"右侧，单击"插入合并域"按钮，在展开的列表中选择"姓氏"，如图 9-19 左图所示，插入"姓氏"域，再次单击该按钮，在展开的列表中选择"名字"，效果如图 9-19 右图所示。

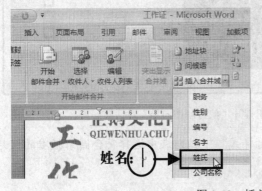 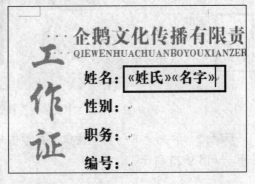

图 9-19 插入"姓名"域

步骤 8　重复步骤 7，插入其他三个域——性别、职务和编号，效果如图 9-20 所示。

步骤 9　单击"完成并合并"按钮，在展开的列表中选择"编辑单个文档"，如图 9-21 所示。

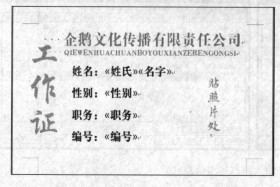

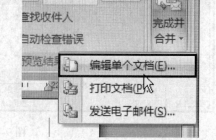

图 9-20　插入所有域后的效果　　　　　　　　图 9-21　选择"编辑单个文档"

步骤 10　在打开的对话框中保持默认设置，然后单击"确定"按钮，结果如图 9-12 所示。

9.3　使用中文信封向导制作单个信封

虽然现在是电子信息时代，但信封仍然是大家在日常工作中经常要用到的，Word 2007 提供了制作中文信封的功能，用户可以利用它制作符合国家标准、包含有邮政编码、地址和收信人的信封。下面我们使用中文信封向导制作单个信封，具体操作步骤如下：

步骤 1　启动 Word 2007，单击"邮件"选项卡上"创建"组中的"中文信封"按钮，打开"信封制作向导"对话框，如图 9-22 所示。

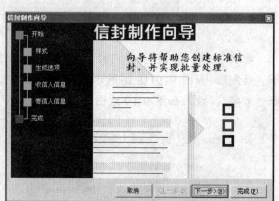

图 9-22　单击"中文信封"按钮打开"信封制作向导"对话框

步骤 2　单击"下一步"按钮，在"信封样式"下拉列表中选择符合国家标准的信封型号，如图 9-23 所示。

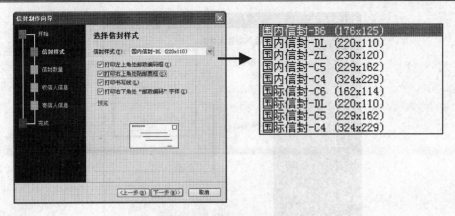

图 9-23 选择信封样式

 提 示

> 取消"打印左上角处邮政编码框"复选框的选中,则只打印邮政编码而不打印邮政编码框;取消"打印右上角处贴邮票框"复选框的选中,则不打印邮票框;取消"打印书写线"复选框的选中,则不打印文字位置处的虚线;取消"打印右下角处'邮政编码'字样"复选框的选中,则只打印寄件人的邮政编码。

步骤 3 单击"下一步"按钮,在打开的对话框中选择"键入收信人信息,生成单个信封"单选钮,如图 9-24 所示。

步骤 4 单击"下一步"按钮,在打开的对话框中输入收信人信息,如图 9-25 所示。

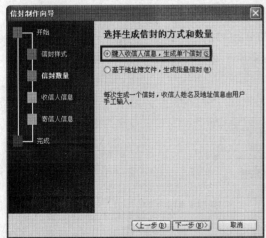

图 9-24 选择"键入收……单个信封"单选钮

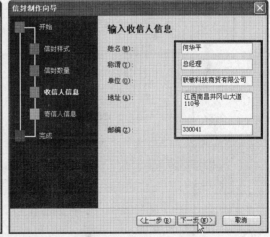

图 9-25 输入收信人信息

步骤 5 单击"下一步"按钮,在打开的对话框中输入寄信人信息,如图 9-26 所示。

步骤 6 单击"下一步"按钮,在打开的对话框中单击"完成"按钮完成单个信封的制作,此时会自动打开信封 Word 文档,效果如图 9-27 所示。完成信封制作后,用户可以根据实际需要设置信封的字体、字号和字体颜色,如图 9-28 所示。

图 9-26　输入寄信人信息

图 9-27　制作的单个信封

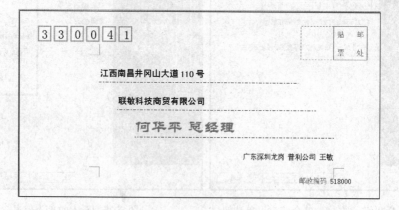

图 9-28　设置格式后的信封

9.4　上机实践——制作标签

　　下面通过制作如图 9-29 所示的发货标签，介绍在 Word 中制作标签的方法，具体操作步骤如下：

包装代码：	包装代码：	包装代码：
发货地点：	发货地点：	发货地点：
数　量：	数　量：	数　量：
包装代码：	包装代码：	包装代码：
发货地点：	发货地点：	发货地点：
数　量：	数　量：	数　量：
包装代码：	包装代码：	包装代码：
发货地点：	发货地点：	发货地点：
数　量：	数　量：	数　量：
包装代码：	包装代码：	包装代码：
发货地点：	发货地点：	发货地点：
数　量：	数　量：	数　量：

图 9-29　制作的标签

步骤 1　新建一文档，单击"邮件"选项卡上"创建"组中的"标签"按钮，如图 9-30 左图所示。

步骤 2　打开"信封和标签"对话框，在"地址"编辑框中输入所需文本"包装代码："、"发货地点："、"数　　量："，每个项目之间隔一空行，如图 9-30 右图所示。

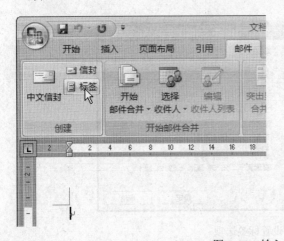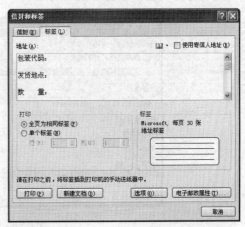

图 9-30　输入标签内容

提 示

也可在文档中输入标签内容并选中，然后单击"标签"按钮，此时打开的"信封和标签"对话框的"地址"列表中自动显示选中的内容。

若要设置标签内容的字符格式和段落格式，可选中输入的内容并右击，在弹出的快捷菜单中选择"字体"或"段落"项，在打开的"字体"或"段落"对话框中设置标签的字符格式和段落格式即可，如图 9-31 所示。

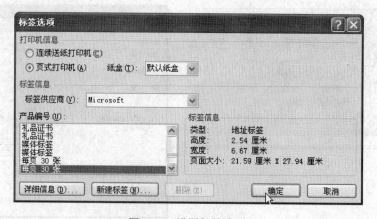

图 9-31　设置标签的字符格式

步骤 3　单击"选项"按钮，在打开的"标签选项"对话框的"产品编号"列表中选择所需的标签类型，如图 9-32 所示。

图 9-32　设置标签选项

步骤 4　单击"确定"按钮返回"信封和标签"对话框，在"打印"设置区中选中"全页为相同标签"单选钮，然后单击"新建文档"按钮预览标签，此时 Word 创建一个包含标签页的文档，如图 9-29 所示，然后保存该文档即可。

　　若要自定义标签的尺寸，可单击"标签选项"对话框中的"新建标签"按钮，然后在打开的对话框中进行设置。

9.5 学习总结

本章通过快速批量制作成绩通知单，介绍了 Word 2007 中邮件合并功能的使用方法；通过制作单个信封，介绍了使用 Word 2007 的中文向导制作符合国家标准、含有邮政编码、地址和收信人的信封的方法。"邮件合并"是 Word 的一项高级功能，可以在实际工作中简化劳动强度，提高办公效率，是办公自动化人员应该掌握的基本技术之一。通过中文信封向导，可以帮助用户同时创建多个信封，免去重复填写数据之苦。

9.6 思考与练习

1. 邮件合并功能有什么作用？使用邮件合并功能之前需要做什么准备工作？
2. 利用邮件合并功能制作如图 9-33 所示的新年贺卡。

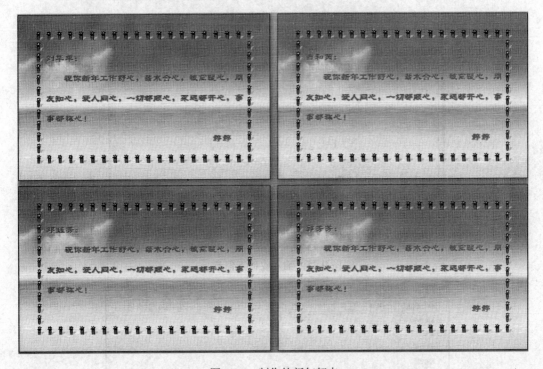

图 9-33 制作的新年贺卡

提示：

（1）创建一个主文档，设置纸张大小为 14×9 厘米，上下左右页边距为 1.5 厘米。插入一张图片（该图片位于：素材与实例\第 9 章\4）并将其衬于文字下方，然后将图片大小缩放至整个页面。添加一个页面艺术边框。输入祝福词、发件人并设置格式，保存为"新年贺卡"，效果如图 9-34 所示。

（2）进行邮件合并时选择"键入新列表"项，在打开的对话框中通过单击"新建条目"按钮，输入多条收件人信息，如图 9-35 所示，确定后将其保存为"收卡人列表"，如图 9-36

所示。最后进行文档合并。

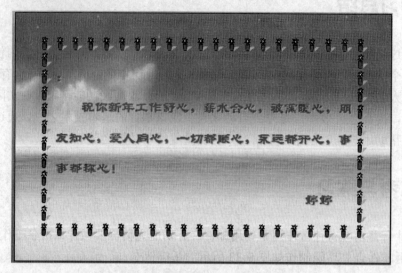

图 9-34　制作主文档

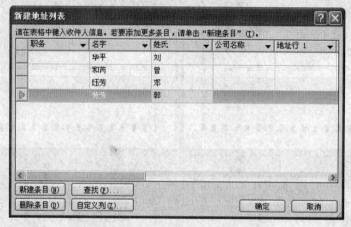

图 9-35　输入收件人信息

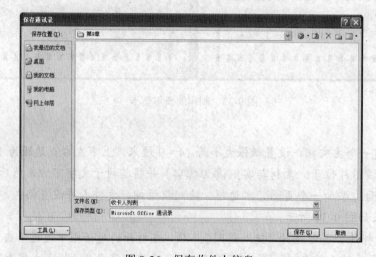

图 9-36　保存收件人信息

第10章
文档审阅与修订

本章内容提要

章前导读

    Word 具有自动检查拼写和语法错误的功能。它不仅可以在输入时检查错误，还可在文档编辑完成后集中检查，并能提供修改建议。Word 的文档修订功能可突出显示文档中的修改操作，以便我们查看、接受或拒绝所做的修改。

10.1　拼写和语法检查

    利用 Word 2007 自带的文本拼写和语法检查工具，可以在用户输入文本的同时检查拼写及语法错误，实时校对，以便可以在工作时轻松地看到潜在错误，为提高输入的正确性提供了很好的帮助。

10.1.1　键入时自动检查拼写和语法错误

    当文档中包含了拼写错误或不可识别的单词或短语时，Word 2007 会在该单词下用红色或蓝色波浪线进行标记。如果是出现了语法错误，则用绿色波浪线标记出现错误的内容，如图 10-1 左图所示。同时，状态栏中会显示"发现校对错误。单击可更正。"图标 。若未发现拼写或语法错误，状态栏中会显示"无校对错误"图标。

    右击带有波浪线的文字，会弹出一个快捷菜单，其中列出了修改建议，单击想要替换的单词，如图 10-1 右图列表中的"brithday"，就可以将错误的单词替换为选取的单词。右键菜单中各选项的含义如下：

➢ **忽略：** 表示忽略当前错误项。

➢ **全部忽略：** 表示忽略文档中所有该单词的拼写错误。

➢ **添加到词典：** 表示将该单词添加到 Word 的词典中，Word 将不再视该单词为错误项。

➢ **拼写检查：** 将打开"拼写"对话框，以便指定附加的拼写选项，如图 10-2 所示。

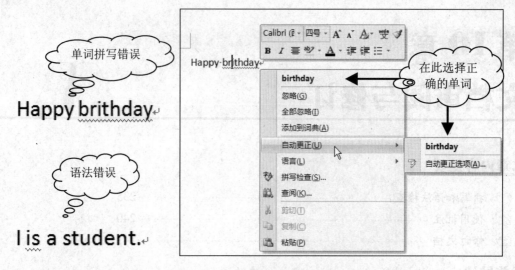

图 10-1 标记错误、列出修改建议

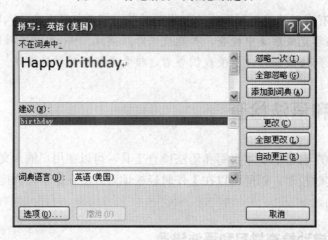

图 10-2 "拼写"对话框

10.1.2 设置拼写和语法检查选项

若要取消在输入文档内容时自动检查拼写和语法功能，方法是：单击"Office 按钮"，在展开的列表中单击"Word 选项"按钮，打开"Word 选项"对话框，单击对话框左侧的"校对"项，在右侧的"在 Word 中更正拼写和语法时"设置区中取消勾选"键入时检查拼写"和"键入时标记语法错误"复选框，如图 10-3 所示。

若要在当前打开的文档中显示或隐藏拼写或语法标记，可执行如下操作：在"例外项"下，单击"当前打开文件的名称"，如图 10-3 中的"文档 1"，然后选中或清除"只隐藏此文档中的拼写错误"和"只隐藏此文档中的语法错误"复选框。

10.1.3 集中检查拼写和语法错误

为了不影响文档内容的录入，我们可选择在完成文档编辑后再进行文档拼写与语法检查工作，然后逐条确认更正。具体操作步骤如下：

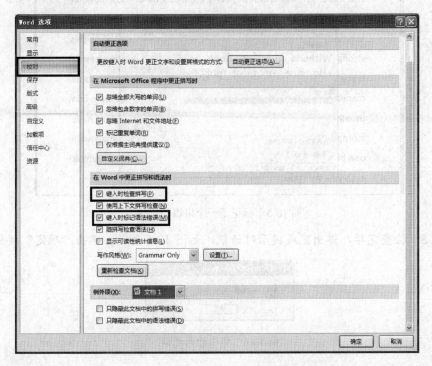

图 10-3　设置自动拼写检查和自动语法检查功能

步骤 1　打开要进行拼写和语法检查的文档，此时状态栏中显示"发现校对错误。单击可更正。"图标 。

步骤 2　按【F7】键开始检查，光标停留在第一处发生错误的位置，拼写错误单词处于选定状态，同时显示"拼写和语法"对话框，在"不在词典中"列表框中，错误的单词以红色突出显示，如图 10-4 所示。

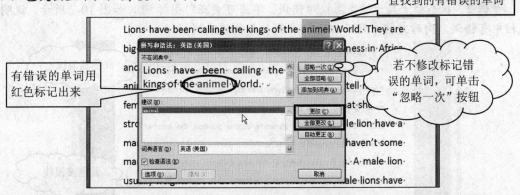

图 10-4　"拼写和语法"对话框

步骤 3　在"建议"列表框中选择要替换为的单词后单击"更改"或"全部更改"按钮进行更正。

步骤 4　在处理了第一处拼错的单词后，下一个拼错的单词将被标记，如图 10-5 所示。以同样的方法对其进行修改。

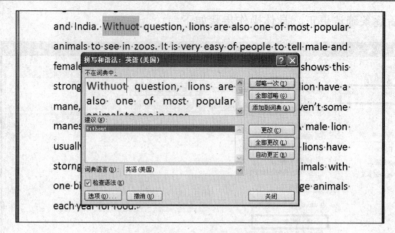

图 10-5　标记下一个拼错的单词

步骤 5　检查完毕，弹出完成提示对话框，如图 10-6 所示，单击"确定"按钮即可。

图 10-6　集中检查错误

10.2　上机实践——检查英文摘要

下面我们通过检查一篇英文摘要，来体验一下 Word 的自动拼写与语法检查功能，操作步骤如下：

步骤 1　打开要进行检查操作的文档"素材与实例" > "第 10 章" > "英文摘要"。

步骤 2　状态栏上显示"发现校对错误。单击可更正"图标，如图 10-7 所示，说明文档中有错误，同时文档中显示红色波浪线和蓝色波浪线。

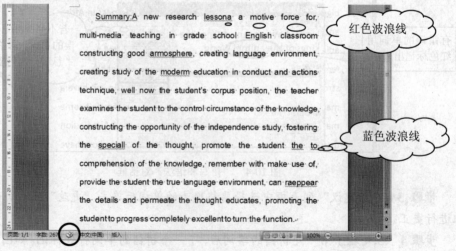

图 10-7　打开要检查的文档

步骤 3 单击状态栏中的"发现校对错误。单击可更正。"图标 ，系统将自动选中光标所在位置附近的一处拼写或语法错误并显示如图 10-8 所示的快捷菜单。

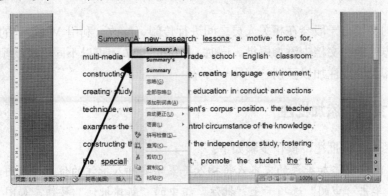

图 10-8 快捷菜单

步骤 4 在快捷菜单中单击想要替换的单词，如图 10-8 所示，即可将错误的单词替换为选取的单词，如图 10-9 所示。

Summary: A new research
multi-media teaching in grade

图 10-9 替换所选单词

步骤 5 再次单击 图标，查看文档中其他的拼写及语法错误，发现错误时加以修改。当最后一处错误检查并修改完毕，单击 图标，会出现如图 10-10 左图所示的提示对话框，单击"确定"按钮确认检查，效果如图 10-10 右图所示，可看到文档中的红色和蓝色波浪线消失。

Summary: A new research lesson a motive force for,
multi-media teaching in grade school English classroom
constructing good atmosphere, creating language environment,
creating study of the modern education in conduct and actions
technique, well now the student's corpus position, the teacher
examines the student to the control circumstance of the knowledge,
constructing the opportunity of the independence study, fostering
the special of the thought, promote the student to the
comprehension of the knowledge, remember with make use of,
provide the student the true language environment, can reappear
the details and permeate the thought educates, promoting the
student to progress completely excellent to turn the function.

图 10-10 检查完毕

10.3 使用批注

编写好的文档，一般会在相关人员之间进行传阅、修改。利用 Word 中的批注功能，审阅者可以方便地在文档中添加眉批。同时，Word 2007 还可以不同的底纹颜色和用户名称对不同审阅者的批注加以区别。

10.3.1 在文档中添加批注

要在文档中添加批注，操作步骤如下：

步骤 1 选中要添加批注的文本或将插入符置于要插入批注的位置，如图 10-11 所示。

步骤 2 单击"审阅"选项卡上"批注"组中的"新建批注"按钮，如图 10-11 所示。

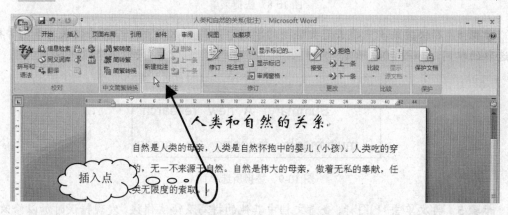

图 10-11 定位插入符后单击"新建批注"按钮

步骤 3 在页面右侧边距显示的红色批注编辑框中输入批注文本，如图 10-12 所示。

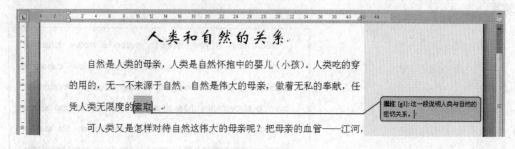

图 10-12 输入批注文本

若在添加批注前未选中内容，Word 将自动以光标所在位置的词组或其右侧单字作为添加批注对象，连续的字母或数字被视为一个批注对象。

步骤 4 单击批注编辑框外的任意位置，退出编辑状态，完成批注的添加。重复上述步骤，在文档中的其他位置添加批注，最后效果如图 10-13 所示。

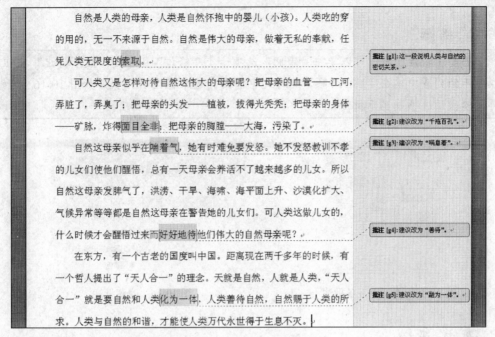

图 10-13 在文档中添加批注

10.3.2 查看、编辑与删除批注

在文档中添加批注后，用户可方便地查看、修改或删除批注。

1. 查看与编辑批注

默认情况下，我们可以通过显示在页面右侧的批注框查看批注内容。要改变批注的显示方式，可单击"审阅"选项卡上"修订"组中的"批注框"按钮，在弹出的列表中选择所需的选项，如"以嵌入方式显示所有修订"，如图 10-14 左图所示。此时，将鼠标指针移至正文中添加批注的对象上，鼠标指针附近将出现浮动框，显示批注者、批注日期和时间，以及批注的内容，如图 10-14 右图所示。其中，批注者名称为安装 Office 软件时注册的用户名。

图 10-14 查看批注

单击"审阅"选项卡上"批注"组中的"上一条"或"下一条"按钮，如图 10-15 所示，可使光标在批注之间跳转，方便查看与编辑文档中的所有批注。

若要将批注隐藏，可以单击"审阅"选项卡上"修订"组中的"显示标记"按钮，在展开的列表中单击"批注"项，此时文字前面的选中标记 ✓ 消失，如图 10-16 所示。再次单击该选项则显示批注。

图 10-15　查看上下条批注

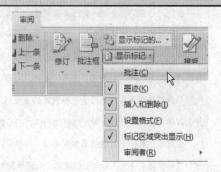

图 10-16　隐藏批注

若文档中包含有多个审阅者添加的批注，单击"显示标记"＞"审阅者"，在展开的列表中选中或取消选中审阅者选项前的选中标记，可在文档中显示或隐藏该审阅者的批注，如图 10-17 所示。

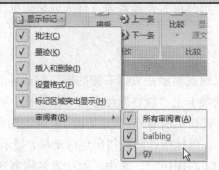

图 10-17　显示或隐藏审阅者批注

2. 删除批注

要快速删除单个批注，可右击该批注，在弹出的快捷菜单中选择"删除批注"选项或将插入符置于批注中，然后单击"审阅"选项卡上"批注"组中的"删除"按钮，如图 10-18 所示。

图 10-18　删除单个批注

要快速删除文档中的所有批注，可单击文档中的一个批注，然后在"审阅"选项卡上"批注"组中单击"删除"按钮右侧的三角按钮，在展开的列表中选择"删除文档中的所有批注"项，如图 10-19 所示。

图 10-19　删除所有批注

10.4　修订文档

Word 2007 的文档修订功能可以突出显示审阅者对文档所做的修改，便于文档创建者进行阅读修改。

10.4.1　设置修订标记

在对文档进行修订之前，我们可以自定义修订标记格式，具体操作步骤如下：

步骤 1　单击"审阅"选项卡上"修订"组中"修订"按钮下方的三角按钮，在展开的列表中选择"修订选项"，如图 10-20 所示。

步骤 2　在打开的"修订选项"对话框中分别对"插入内容"、"删除内容"、"修订行"和"批注"等选择标记和颜色，如图 10-21 所示，在"颜色"设置区中选择"按作者"，Word 会为不同的审阅者所做的修订加上不同的颜色，设置完毕，单击"确定"按钮。

图 10-20　选择"修订选项"

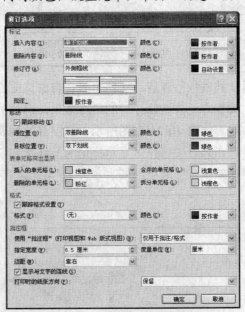

图 10-21　"修订选项"对话框

10.4.2 修订文档

要对文档进行修订，可单击"审阅"选项卡上"修订"组中的"修订"按钮 ![] （如图 10-22 所示）或按【Shift+Ctrl+E】组合键，进入文档修订状态。这时对文档的所有修改都会突出显示，例如，键入的文字被添加下划线；被删除的文字以删除线标识，如图 10-23 所示。

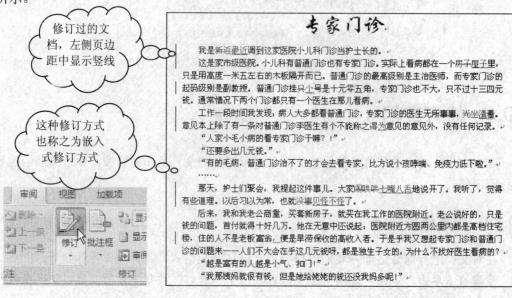

图 10-22　单击"修订"按钮　　　　　　图 10-23　修订文档

要退出修订状态，可再次单击"修订"按钮。退出修订状态不会删除任何已被跟踪的更改。

 提示

> 不同的用户打开同一个修订过的文档，修订内容的颜色均会有所不同。

对文档进行修订后，文档中既含有修订前的内容，又含有修订后的内容，看起来有些费神。为了方便查看修订后的最终效果，可单击"修订"组中的"修订以供审阅"右侧的三角按钮，如图 10-24 左图所示，在展开的列表中选择"最终状态"选项；若要恢复修订状态，可在列表中选择"显示标记的最终状态"选项；若要查看原文档效果，可在列表中选择"原始状态"选项。

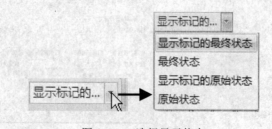

图 10-24　选择显示状态

10.4.3 接受或拒绝修订

文档创建者可以决定接受或拒绝审阅者所做的修改。为此，可在修订标记上右击鼠标，在弹出的快捷菜单中选择所需的操作，如图 10-25 左图所示，单击"接受修订"项，修订生效，添加的内容会变成文档的一部分，删除的内容消失；选择"拒绝修订"项，此处修订失效，文档恢复原样。

此外，要接受修订，可将光标放置在文档中进行修订的位置，单击"审阅"选项卡上"更改"组中"接受"按钮下方的三角按钮，在展开的列表中选择"接受修订"选项；若要接受对文档所做的所有修改，可选择"接受对文档的所有修订"选项，如图 10-25 中图所示；如果要拒绝修订，可单击"审阅"选项卡上"更改"组中"拒绝"按钮右侧的三角按钮，在展开的列表中选择"拒绝修订"选项或"拒绝对文档的所有修订"选项，如图 10-25 右图所示。

  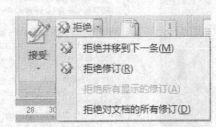

图 10-25 接受或拒绝修订

10.5 上机实践——修改"学习指导说明"一文

下面我们应用修订功能来修改一份学习指导说明，然后相应地接受或拒绝所做的修订，操作步骤如下：

步骤1 打开素材文档"素材与实例"＞"第 10 章"＞"学习指导说明"。

步骤2 单击"审阅"选项卡上"修订"组中的"修订"按钮 ，进入文档修订状态。

步骤3 开始阅读文档，找到要修改的文本进行修改操作，如图 10-26 所示，可看到添加的内容以下划线标识，删除的内容以删除线标识。

图 10-26 修订文档

步骤4 以同样的方式，完成全文修订，得到如图 10-27 所示的效果。

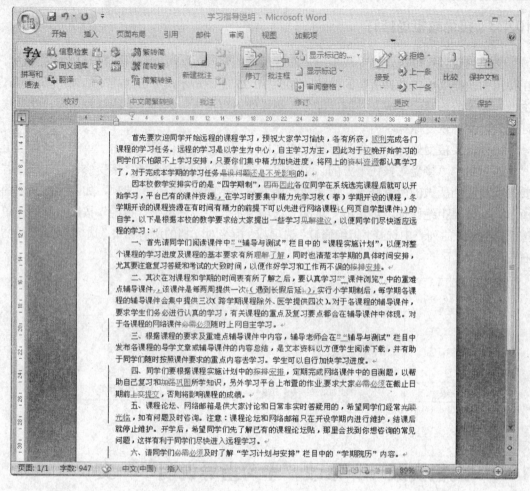

图 10-27　以嵌入方式修订文档

步骤 5　阅读审阅者的修订意见，在要接受修订的地方右击，在弹出的快捷菜单中选择"接受修订"项，如图 10-28 左图所示，此时可看到修订操作生效，添加的文字变成文档的一部分，如图 10-28 右图所示。

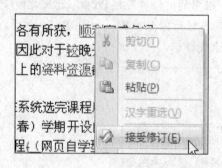

图 10-28　接受修订

步骤 6　以同样的方法查看其他修订处，逐条进行确认接受或拒绝修订，最后效果如图 10-29 所示，另存文档即可。

远程学习指导说明

　　首先要欢迎同学开始远程的课程学习，预祝大家学习愉快，各有所获，顺利完成各门课程的学习任务。远程的学习是以学生为中心，自主学习为主，因此对于较晚开始学习的同学们不怕跟不上学习安排，只要你们集中精力加快进度，将网上的资源都认真学习了，对于完成本学期的学习任务还是不受影响的。

　　因本校教学安排实行的是"四学期制"，因此各位同学在系统选完课程后就可以开始学习，平台已有的课件资源，在学习时要集中精力先学习秋（春）学期开设的课程，冬学期开设的课程资源在有时间有精力的前提下可以先进行网络课程（网页自学型课件）的自学。以下是根据本校的教学要求给大家提出一些学习建议，以便同学们尽快适应远程的学习：

　　一、首先请同学们阅读课件中"辅导与测试"栏目中的"课程实施计划"，以便对整个课程的学习进度及课程的基本要求有所了解，同时也清楚本学期的具体时间安排，尤其要注意复习答疑和考试的大致时间，以便作好学习和工作两不误的安排。

　　二、其次在对课程和学期的时间表有所了解之后，要认真学习"课件浏览"中的重难点辅导课件，该课件是每两周提供一次（遇到长假后延），实行小学期制后，每学期各课程的辅导课件会集中提供三次（跨学期课程除外，医学提供四次）。对于各课程的辅导课件，要求学生们务必进行认真的学习，有关课程的重点及复习要点都会在辅导课件中体现。对于各课程的网络课程必须随时上网自主学习。

　　三、根据课程的要求及重难点辅导课件中内容，辅导老师会在"辅导与测试"栏目中发布各课程的导学文章或辅导课件的内容总结，是文本资料以方便学生阅读下载，并有助于同学们随时按照课件要求的重点内容去学习。学生可以自行加快学习进度。

　　四、同学们要根据课程实施计划中的安排，定期完成网络课件中的自测题，以帮助自己复习和巩固所学知识，另外学习平台上布置的作业，要求大家必须在截止日期前提交，否则将影响课程的成绩。

　　五、课程论坛、网络邮箱是供大家讨论和日常非实时答疑用的，希望同学们经常光临，如有问题及时咨询。注意：课程论坛和网络邮箱只在开设学期内进行维护，结课后就停止维护。开学后，希望同学们先了解已有的课程论坛贴，那里会找到你想咨询的常见问题，这样有利于同学们尽快进入远程学习。

　　六、请同学们必须及时了解"学习计划与安排"栏目中的"学期院历"内容。

图 10-29　修订后的文档效果

10.6　学习总结

　　本章主要介绍了如何对文档进行拼写和语法检查，以及在文档中添加批注和对文档进行修订的方法。这些都是文档审阅过程中经常使用的操作，熟练掌握它们的使用方法会使文档的审阅与修订工作事半功倍。

10.7　思考与练习

1. 如何在文档中插入批注？
2. 如何为文档设置修订标记以及对其进行修订？

第 11 章

在文档中插入公式

本章内容提要

章前导读

从事教育工作的老师和科技人员，经常要编辑包含有数学公式的文档，如制作数学试卷，进行数据分析等，使用 Word 2007 内置的公式可快速创建常用的公式，另外，我们也可根据需要使用公式设计工具自己编写公式。

11.1 插入内置公式

要在文档中插入内置公式，可单击"插入"选项卡上"符号"组中"π 公式"按钮右侧的三角按钮，在展开的列表中显示了二次公式、二项式定理、和的展开式、傅里叶级数、勾股定理、三角恒等式、泰勒展开式以及圆的面积等内置的公式，单击所需的公式，即可将常用的公式插入到光标所在位置。默认情况下，如果公式前面没有内容，则插入的公式呈"整体居中"显示，同时显示"公式工具　设计"选项卡，如图 11-1 所示。

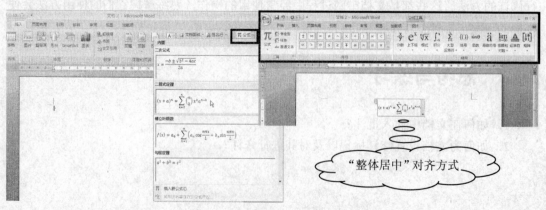

图 11-1　在文档中插入内置公式

单击插入的公式右下角的"公式选项"按钮▼，在展开的列表中选择相应的选项，可改变公式的属性，如表现形式（专业型、线性）、对齐方式及另存为新公式等，如图 11-2 所示。

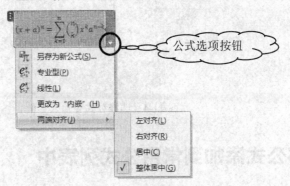

图 11-2 "公式选项"下拉列表

11.2 插入新公式

若觉得内置的公式样式无法满足需要，可直接单击"插入"选项卡上"符号"组中的"π 公式"按钮或单击"π 公式"按钮右侧的三角按钮，在展开的列表中选择"插入新公式"项，此时文档中显示"在此处键入公式"的提示信息，如图 11-3 所示，同时显示"公式工具 设计"选项卡，该选项卡中包含了各类公式，如分数、上下标、根式、积分、大型运算符号、括号、函数、导数符号、极限和对数、运算符、矩阵等，每类公式都有一个向下的三角按钮，单击该按钮，可在展开的列表中选择所需的公式，例如，选择"结构"组中"分数"中的"分数（竖式）"项，然后输入参数，即可完成新公式的制作，如图 11-4 所示。

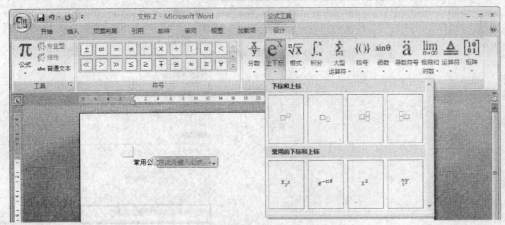

图 11-3 插入新公式

 提 示

"公式工具"只支持".docx"的文档，如果文档格式为".doc"，即处于兼容模式下，"π公式"按钮会呈灰色，无法使用。

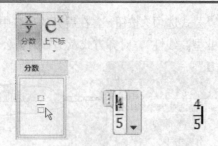

图 11-4　选择公式并输入参数

11.3　将公式添加到常用公式列表中

如果创建了一个经常要用到的公式，此时我们可以将其添加到常用公式列表中，也即将公式保存到公式库中。以后需要使用时，只要单击"插入"选项卡中的"π 公式"按钮，展开"常规"下拉列表，选择保存的公式即可直接将其插入当前文档中。将公式添加到常用公式列表的具体操作步骤如下：

步骤 1　选中要保存到公式列表中的公式，然后单击"公式工具"选项卡上的"π 公式"右侧的三角按钮，在展开的列表中选择"将所选内容保存到公式库"项，如图 11-5 所示。

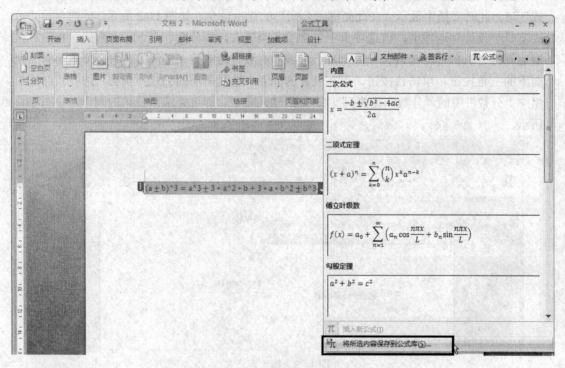

图 11-5　选择"将所选内容保存到公式库"项

步骤 2　在打开的"新建构建基块"对话框中输入公式的名称，在"库"下拉列表中选择"公式"，然后适当输入一些相关的说明文字，如图 11-6 左图所示，其他保持默认设置，最后单击"确定"按钮，所选公式即保存在公式库中，如图 11-6 右图所示。

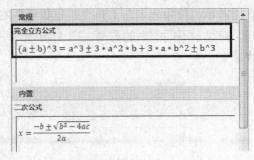

图 11-6　将创建的公式保存在公式库中

11.4　公式的编辑与删除

与编辑普通文本相同，在 Word 中插入公式后，也可对其进行编辑修改和删除操作。

11.4.1　编辑公式

插入或套用内置公式后，可随时进行修改。如为方便排版，可以将多行显示的公式以一行显示，或更改其换行后的缩进量等。

1. 编辑公式

将鼠标指针移到公式上方，公式将显示蓝色的底纹，单击鼠标即可进入编辑状态，将光标定位到要修改的内容上，删除原有内容，输入新的内容或在"公式工具　设计"选项卡的"结构"组中选择所需的内容，然后输入参数即可，如图 11-7 所示。

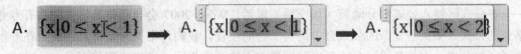

图 11-7　修改公式内容

编辑公式时，也可在"公式工具　设计"选项卡上"符号"组中选择所需的符号添加到公式中。单击"符号"组中的"其他"按钮，如图 11-8 左图所示，可展开符号列表显示更多的符号，如图 11-8 右图所示。

图 11-8　显示更多符号

此时若单击符号列表左上角"基础数学"右侧的三角按钮，在展开的列表中选择不同的选项，可显示不同类型的符号。图 11-9 所示分别为选择"箭头"和"希腊字母"项的符号列表。

图 11-9　选择不同选项显示不同的符号

2. 移动公式

编辑完成的公式是一个整体，我们可以根据排版的需要在相应的范围内对其进行移动。方法是：用鼠标单击已编辑好的公式，此时页面上会显示蓝色的公式编辑框，将鼠标指针指向编辑框的左上角，如图 11-10 所示，然后按下鼠标左键，即可对公式进行移动。

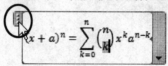

图 11-10　移动公式

3. 更改公式形式

在公式区键入公式和分隔符（如空格）以后，Word 2007 会自动将其转换为具有专业格式的公式。如某些复杂的公式会占用两三行的位置。我们可根据需要将其转换成在一行内显示的公式，也就是设置公式高度与普通文本的高度相同。操作步骤如下：

步骤 1　将光标放置在公式中，如图 11-11 左图所示。

步骤 2　单击"公式工具　设计"选项卡"工具"组中的"线性"按钮，如图 11-11 中图所示，结果如图 11-11 右图所示。

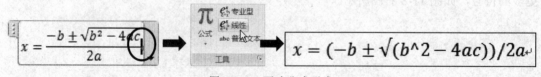

图 11-11　更改公式形式

 提示

　　若文档的内容多为公式，可以通过页面设置选项来改变公式行距，方法是：打开"页面设置"对话框，单击"文档网格"选项卡，在"网格"设置区中选中"无网格"单选钮，如图 11-12 所示，然后确定即可。

若只需对文档中包含公式的局部内容进行行距的调整。方法是：选中要进行操作的行，打开"段落"对话框，单击"缩进和间距"选项卡，将"间距"设置区中的"段前"和"段后"都调整为"0 行"，然后取消"如果定义了文档网格，则对齐网格"复选项的选中，最后单击"确定"按钮即可。

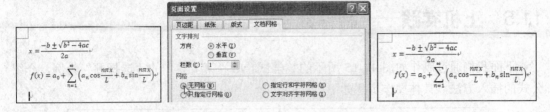

图 11-12　调整公式的行距

4. 更改公式的换行缩进量

　　默认情况下，对于换行到新行上的公式，其缩进量为 2.5 厘米。要更改公式的缩进量，可单击"工具"组右下角的对话框启动器按钮，打开"公式选项"对话框，在"显示公式"设置区的"换行后的缩进量"编辑框中输入数值或单击右侧的微调按钮对数值进行调整，如图 11-13 所示。

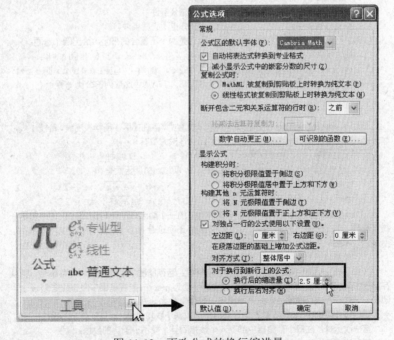

图 11-13　更改公式的换行缩进量

11.4.2　删除公式

　　单击公式，然后将鼠标指针移到公式边框左侧的标签上，单击鼠标选中整个公式，如图 11-14 所示，按【Delete】键即可删除整个公式。

$$(a \pm b)^3 = a^3 \pm 3 * a^2 * b + 3 * a * b^2 \pm b^3$$

图 11-14　删除公式

11.5　上机实践——制作数学试卷

下面我们通过制作如图 11-15 所示的数学试卷中"第 I 卷"的"选择题"为例，介绍公式的插入方法，具体操作步骤如下：

数学试卷

第 I 卷（选择题共 40 分）

一、选择题：本大题共 8 小题，每小题 5 分，共 40 分。在每小题的 4 个选项中，只有一项是符合题目要求的。

（1）设全集 $I=\{a,b,c,d,e\}$，集合 $M=\{a,b,d\}$，$N=\{b,c,e\}$，则下列关系中正确的是（　）。
A. $M \cap N \in M$ $\quad\cdots\quad$ B. $M \cup N \subseteq M$
C. $(C, M) \cup N = \phi$ $\quad\cdots\quad$ D. $(C, N) \cap M \subseteq M$

（2）在 ΔABC 中，$\sin 2A = \sin 2B$ 是 A=B 的（　）。
A. 充分不必要条件 $\quad\cdots\quad$ B. 必要不充分条件
C. 充分必要条件 $\quad\cdots\quad$ D. 既不充分也不必要条件

（3）已知 a、b 是两条不重合的直线，α、β是两个不重合的平面，给出四个命题：
①$a//b, b//\alpha$，则 $a//\alpha$；$\qquad\qquad$②$a、b \subset \alpha, \alpha//\beta, b//\beta$，则 $\alpha//\beta$；
③ a 与 α 成 30° 的角，$a \perp b$，则 b 与 α 成 60° 的角；④$a \perp \alpha, b//\alpha$，则 $a \perp b$。

（4）已知等比数列 $\{a_n\}$ 的前 n 项和为 $S_n, S_3 = 3, S_6 = 27$，则等比数列的公比 q 等于（　）。
A. 2 $\quad\cdots\quad$ B. -2 $\quad\cdots\quad$ C. $\frac{1}{2}$ $\quad\cdots\quad$ D. $-\frac{1}{2}$

（5）从 4 位男教师和 3 位女教师中选出 3 位教师，派往郊区 3 所学校支教，每校 1 人，要求这 3 位教师中男、女教师都要有，则不同的选派方案有（　）。
A. 210 种 $\quad\cdots\quad$ B. 186 种 $\quad\cdots\quad$ S. 180 种 $\quad\cdots\quad$ D. 90 种

（6）已知函数 $f(x) = \{-\sqrt{4-x^2}, x \in [-2,0]$，则 $f(x)$ 的反函数是（　）。
A. $f^{-1} = -\sqrt{4-x^2}, x \in [0,2]$ $\quad\cdots\quad$ B. $f^{-1}(x) = -\sqrt{4-x^2}, x \in [-2,0]$
C. $f^{-1}(x) = \sqrt{4-x^2}, x \in [0,2]$ $\quad\cdots\quad$ D. $f^{-1}(x) = \sqrt{4-x^2}, x \in [-2,0]$

（7）已知椭圆的焦点是 F_1、F_2，P 是椭圆上的一个动点，过点 F_2 向 $\angle F_1 PF_2$ 的外角平分线作垂线，垂线交 F_1P 的延长线于点 N，则点 N 的轨迹是（　）。
A. 圆 $\quad\cdots\quad$ B. 椭圆
C. 直线 $\quad\cdots\quad$ D. 双曲线的一支

（8）已知计算机中的某些存储器有如下特性：若存储器中原有数据个数为 m 个，则从存储器中取出 n 个数据后，此存储器中的数据个数为 m-n 个；若存储器中原有数据为 m 个，则将 n 个数据存入存储器后，此存储器中的数据个数为 m+n 个。
现已知计算机中 A、B、C 三个存储器中的数据个数均为 0，计算机有如下操作：
第一次运算：在每个存储器中都存入个数相同且个数不小于 2 的数据；
第二次运算：从 A 存储器中取出 2 个数据，将这 2 个数据存入 B 存储器中；
第三次运算：从 C 存储器中取出 1 个数据，将这 1 个数据存入 B 存储器中；
第四次运算：从 B 存储器中取出与 A 存储器中个数相同的数据，将取出的数据存入 A 存储器，则这时 B 存储器中的数据个数是（　）。
A. 8 $\quad\cdots\quad$ B. 7 $\quad\cdots\quad$ C. 6 $\quad\cdots\quad$ D. 5

图 11-15　制作的数学试卷

步骤 1　新建一文档，输入试卷标题及相关信息，并对其进行格式设置，如图 11-16 所示。

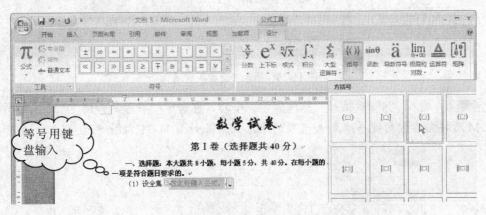

图 11-16　输入试卷标题及相关信息

步骤 2　输入第一小题的内容"设全集 I="，然后单击"插入"选项卡上的"公式"按钮，在"公式工具　设计"选项卡上单击"结构"组中的"括号"按钮，在展开的列表中选择"方括号"，如图 11-17 所示。

图 11-17　选择"方括号"

步骤 3　通过按键盘上的向左方向键←，将括号中的方框选中，如图 11-18 左图所示，然后在方括号中输入数值，如图 11-18 中图所示，最后按两次向右方向键→结束公式的输入，如图 11-18 右图所示。

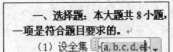

图 11-18　在方括号内输入数值

步骤 4　以同样的方法完成第一小题其他内容的输入，结果如图 11-19 所示。

一、**选择题**：本大题共 8 小题，每小题 5 分，共 40 分。在每小题的 4 个选项中，只有一项是符合题目要求的。

（1）设全集 I={a, b, c, d, e}，集合 M={a, b, d}，N={b, c, e}，则下列关系中正确的是（　）。

图 11-19　输入第一小题内容

步骤 5 按【Enter】键另起一行输入 4 个选项。输入 "A.M" 后显示 "公式工具 设计" 选项卡，单击 "符号" 组中的 "其他" 按钮，展开符号列表，然后单击 "基础数学" 按钮右侧的三角按钮，在展开的列表中选择 "运算符"，如图 11-20 中图所示。在展开的运算符列表中选择 "常用二元运算符" 中的 "交集" 按钮，如图 11-20 右图所示。

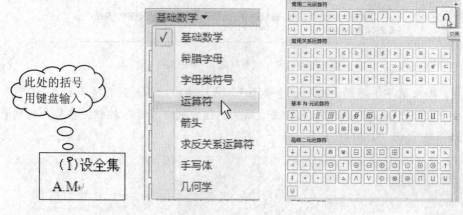

图 11-20　插入 "交集" 符号

步骤 6 输入 "N" 后插入 "基础数学" 中的 "包含于" 符号，如图 11-21 左图所示。输入 M 后按向右方向键→结束 A 选项的输入，结果如图 11-21 右图所示。

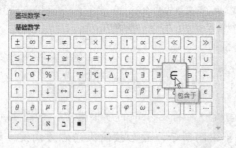

图 11-21　输入 "包含于" 符号

步骤 7 用同样的方法输入 B 选项的 "M∪N" 后插入 "运算符" 列表中 "常用关系运算符" 中的 "包含于或等于" 符号，如图 11-22 左图所示，输入 M 后按向右方向键→结束输入，结果如图 11-22 右图所示。

图 11-22　输入 "包含于或等于" 符号

步骤 8 用同样的方法输入 C 选项的 "（C，M）∪N="，然后插入 "希腊字母" 列表

"小写"中的"Phi 变量"符号，如图 11-23 左图所示，按向右方向键→结束输入。用同样的方法输入 D 选项，第一小题内容全部输入完成，结果如图 11-23 右下图所示。

A.M∩N∈M·········
C.(C, M)∪N=φ

(1)设全集 I={a,b,c,d,e}，集合 M={a,b,d}，N={b,c,e}，则
A.M∩N∈M·········· B.M∪N⊆M
C.(C, M)∪N=φ ········ D.(C, N)∩M⊆M

图 11-23　完成第一小题内容的输入

步骤 9　输入第二小题内容，在"在"后插入"希腊字母"列表"大写"中的"Delta"符号，如图 11-24 左图所示，然后输入其他内容，如图 11-24 右图所示。

(2) 在ΔABC中，

图 11-24　输入"Delta"符号

步骤 10　单击"结构"组中的"函数"按钮，在展开的列表中选择"正弦函数"，如图 11-25 上图所示，按向左方向键←选中方框后输入"2A"，以同样的方法完成公式的输入，用输入文本的方法输入第二小题的其他内容，结果如图 11-25 下图所示。

(2) 在ΔABC中，sin 2A = sin 2B是 A=B 的（　 ）。
A.充分不必要条件·········· B.必要不充分条件
C.充分必要条件 ·········· D.既不充分也不必要条件

图 11-25　输入正弦函数

步骤 11 输入如图 11-26 左图所示第三小题内容后输入"希腊字母"列表"小写"中的"α、β"，如图 11-26 中图所示，然后按键盘上的向右方向键结束。

图 11-26 输入小写希腊字母

步骤 12 用类似的方法输入第三小题的其他内容，其中的"垂直于"符号⊥位于"运算符"的"常用关系运算符号"中，如图 11-27 所示。斜杠（∥）可以利用键盘输入。

图 11-27 输入第三小题内容

步骤 13 输入第四小题内容。选择"括号"列表中的"方括号"和"上下标"列表中的"下标"，然后利用向左方向键输入方括号、上下标和分数中的数值，结果如图 11-28 所示。

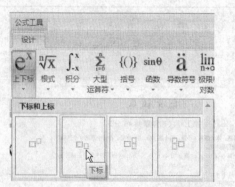

图 11-28 输入第四小题内容

步骤 14 用类似的方法输入后面几个小题的内容。其中第六小题中插入的是 "括号" 列表中 "常用方括号" 中的 "事例示例"，如图 11-29 所示，然后删除不需要的部分再输入数值。第六小题的四个选项则是插入上下标和根式等的组合输入。输入试卷所有内容的最终效果如图 11-15 所示。

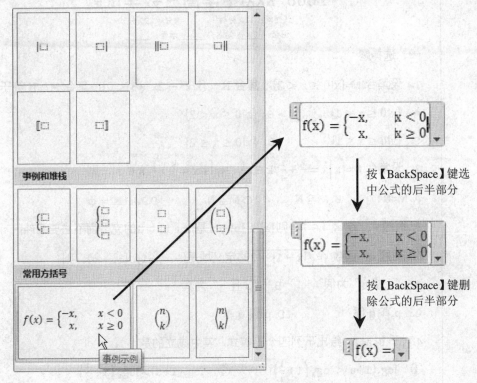

图 11-29 插入 "事例示例" 项

11.6 学习总结

本章主要介绍了如何在 Word 文档中插入内置公式、新公式，将常用公式保存到公式库中，以及对公式进行编辑修改和格式设置的方法。希望读者平时多加练习，灵活运用，更好地将其应用于实际工作。

11.7 思考与练习

一、问答题

1. 如何在文档中插入系统内置的公式和新公式？
2. 公式的编辑操作包括哪些内容？

二、操作题

制作如图 11-30 所示的数学试卷。

2008 XXX 中学高三数学试题

（时间：120 分钟　　　　满分：150 分）

班级：＿＿＿　姓名：＿＿＿　学号：＿＿＿

一、选择题

1. 设集合 M={x|0 ≤ x < 2}，集合 N = {x|x² − 2x − 3 < 0}，集合 M∩N 等于

A. {x|0 ≤ x < 1}　　　　　B. {x|0 ≤ x < 2}

C. {x|0 ≤ x ≤ 1}　　　　　D. {x|0 ≤ x ≤ 2}

2. 设集合 $M=\left\{x\,\middle|\,x=\frac{k}{2}+\frac{1}{4},k\in z\right\}$，$N=\left\{x\,\middle|\,x=\frac{k}{4}+\frac{1}{2},k\in z\right\}$，则

A. M=N　　　　B. M⫋N　　　　C. M⫌N　　　　D. M∩N = φ

3. 命题 P：若 a、b∈ R，则 |a| + |b| > 1是|a + b| > 1的充分而不必要条件；

命题 q：函数 $y=\sqrt{|x-1|-2}$ 的定义域是 (−∞,−1]∪[3,−∞)。则

A. "p 或 q" 为假　　　　B. "p 且 q" 为真

C. p 真 q 假　　　　D. p 假 q 真

4.对于 0<a<1，给出下列四个不等式，其中成立的是

①　$\log_a(1+a)<\log_a\left(1+\frac{1}{a}\right)$　　　②　$\log_a(1+a)>\log_a\left(1+\frac{1}{a}\right)$

③　$a^{1+a}<a^{1+\frac{1}{a}}$　　　　④　$a^{1+a}>a^{1+\frac{1}{a}}$

A. ①与③　　B. ①与④　　C. ②与③　　D. ②与④

二、问答题

已知等式 $\cos\alpha\cos2\alpha=\frac{\sin4\alpha}{4\sin\alpha}$，$\cos\alpha\cos2\alpha\cos4\alpha=\frac{\sin8\alpha}{8\sin\alpha}$ ，……，请你写出一般性的等式，使你写出的等式包含了已知等式（不要求证明），这个等式是

图 11-30　练习示例

提示：其中有些相似的公式可以利用复制、粘贴方法进行输入，然后稍做修改即可，有些运算符可以通过键盘输入，如+、-、*、/、=、<、>。

第12章
Word 2007 使用技巧

章前导读

本章介绍 Word 2007 一些简单的使用、输入和设置技巧。如轻松解决语言障碍、更改 Word 2007 默认保存格式为 doc 文档等，这些技巧的使用，或许可以在实际工作中获得意想不到的效果。

12.1　为 Word 2007 添加一个快捷键

为 Word 2007 设置一个快捷键，这样只要按下快捷键就可以启动程序，操作步骤如下：

步骤 1　右击桌面上的 Word 2007 快捷方式图标，在弹出的快捷菜单中单击"属性"项，如图 12-1 左图所示。

步骤 2　将鼠标指针置于"快捷方式"选项卡的"快捷键"编辑框中，按键盘上的某个按键，如 F11 键，结果如图 12-1 右图所示，然后单击"确定"按钮。

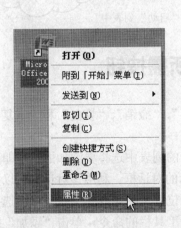

图 12-1　为 Word 2007 添加快捷键

12.2　开机时自动启动 Word 2007

如果用户日常工作中经常要使用 Word 2007 编辑文档，可以设置在启动 Windows XP

时启动它，设置方法如下：按下鼠标左键将桌面上 Word 2007 的快捷方式图标拖到"开始"菜单"所有程序"的"启动"列表中，如图 12-2 所示。

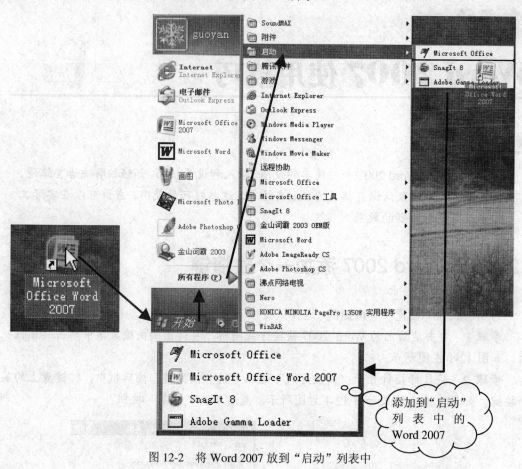

图 12-2　将 Word 2007 放到"启动"列表中

12.3　向快速访问工具栏中添加所需按钮

默认情况下，快速访问工具栏中只显示"保存"、"撤销"、"恢复"和"重复"按钮。若要将其他工具添加到快速访问工具栏中，方法是：

单击快速访问工具栏右侧的三角按钮，在展开的列表中选择要添加的选项即可。若在列表中选择"其他命令"项，可打开如图 12-3 所示的对话框，利用该对话框可以为快速访问工具添加更多实用的常用功能按钮：在"从下列位置选择命令"下拉列表中选择命令的位置，然后在下方的列表中选择要添加到快速访问工具栏的命令，单击"添加"按钮，再单击"确定"按钮，该命令即可被添加到快速访问工具栏中。

12.4　更改 Word 2007 默认保存格式为 doc 文档

Word 2007 默认的保存格式为.docx 文档，虽然比起旧的.doc 格式文档有体积小等优点。

不过低版本的 Word 却必须通过安装兼容补丁后才能识别它，因此许多人还是希望能将其默认保存格式更改为 doc 文档。为此可通过以下步骤轻松实现：

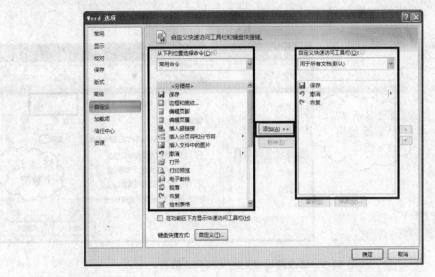

图 12-3　"Word 选项"对话框

启动 Word 2007 后新建一空白文档，单击"Office 按钮"，在展开的列表中单击"Word 选项"按钮，在打开的对话框中单击左侧的"保存"选项，在"保存文档"设置区中单击"将文件保存为此格式"右侧的箭头按钮，在展开的列表中选择"Word 97-2003 文档（*.doc）"项，如图 12-4 所示，然后单击"确定"按钮退出，再关闭该空白文档，以后所有新建文档的默认保存格式即更改为.doc 文档了。

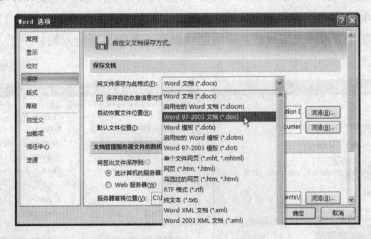

图 12-4　更改文档的默认保存格式

12.5　自定义最近使用的文档列表数目

默认情况下，Word 2007 显示的"最近使用的文档"数目为 17 个，如图 12-5 左图所示，用户也可以自定义这个文档数目，方法是：

单击"Office 按钮"，在展开的列表中单击"Word 选项"按钮，打开"Word 选项"对话框，单击左侧的"高级"选项，在右侧列表的"显示"设置区中修改"显示此数目的'最近使用的文档'"编辑框中的数值即可，如图 12-5 右图所示。

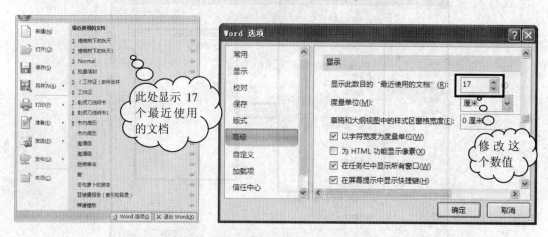

图 12-5　修改最近使用的文档列表数目

12.6　用微软拼音输入法输入繁体字

要使用微软拼音输入法 2007 输入繁体字，需要先进行设置，方法是：右击任务栏上的输入法指示器图标，在弹出的菜单中选择"设置"，在打开的对话框中选择"微软拼音输入法 2007"，然后单击右侧的"属性"按钮，如图 12-6 左图所示，在打开的对话框中单击"微软拼音新体验及经典输入风格"选项卡，选中"繁体中文"单选钮，如图 12-6 右上图所示，单击两次"确定"按钮完成设置，以后就可以在需要的页面输入繁体字了，如图 12-6 右下图所示。

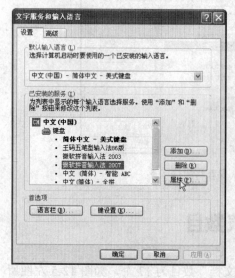
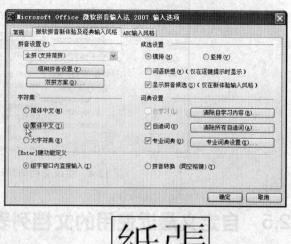

图 12-6　设置繁体字选项

12.7　关闭随 Word 2007 启动的中文输入法

启动 Word 2007，单击"Office 按钮"，在展开的列表中单击"Word 选项"按钮，打开 "Word 选项"对话框，单击左侧的"高级"选项，在"编辑选项"设置区中取消"输入法 控制处于活动状态"复选框的选中状态，如图 12-7 所示，最后单击"确定"按钮。再次重 新启动 Word 后，就会发现相关输入法不再随 Word 启动了。

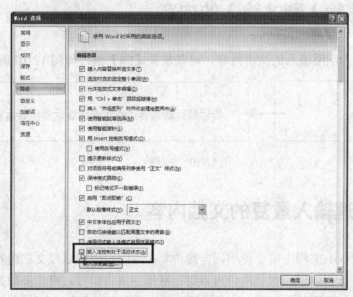

图 12-7　关闭中文输入法

12.8　Word 中另法输入罗马数字

输入罗马数字的一般方法是：打开"符号"对话框，在"字体"和"子集"下拉列表 中分别选择"普通文本"和"数字形式"，如图 12-8 所示，然后选择所需罗马数字单击"插 入"按钮即可。用这种方法可以输入不大于 XII 的罗马数字，这一点从图中可以看出。

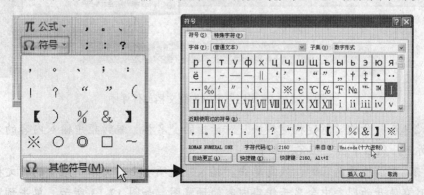

图 12-8　"符号"对话框

若多次按下【Ctrl+Alt+L】组合键，则从第 9 次起就开始出现连续的罗马数字，如 12-9 所示，用这种方法输入的罗马数字则没有大小限制。

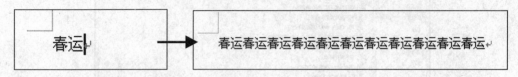

图 12-9　输入的罗马数字

12.9　快速输入刚才输入的内容

若要再次输入刚刚输入的文本内容，可重复按【F4】键，如图 12-10 所示。

图 12-10　快速输入

12.10　快速输入重复的文档内容

如果多个 Word 文档中需要使用同一段内容，这时可以将这段文档内容保存到 Word 2007 的文档部件库里，以后要使用该内容时，从库中调用即可。操作步骤如下：

步骤 1　选中要保存的内容，单击"插入"选项卡上"文本"组中的"文档部件"按钮，在展开的列表中选择"将所选内容保存到文档部件库"，如图 12-11 所示。

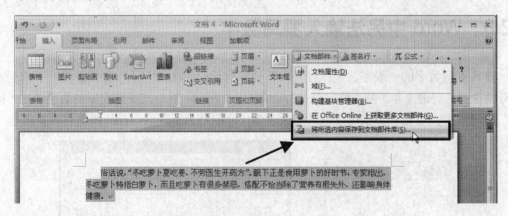

图 12-11　将文档内容添加到文档部件库中

步骤 2　在打开的"新建构建模块"对话框的"名称"编辑框中输入内容的名称，如图 12-12 所示，然后单击"确定"按钮。

步骤 3　要调用该内容时，只需单击"插入"选项卡上"文本"组中的"文档部件"按钮，此时在展开的列表中会显示保存内容的预览图，如图 12-13 所示，单击预览图即可在光标处插入保存的文档内容了。

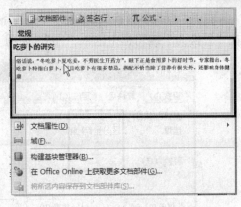

图 12-12　设置保存选项　　　　　　图 12-13　调用保存到文档部件库的内容

12.11　快速选定文档中多处相同的内容

在使用 Word 2007 编辑文档时，如果需要将文档中多处相同的内容选中，一般会通过按住【Ctrl】键不放一个一个地选择，这种方法不仅速度慢，而且还容易出现遗漏。这时，借助 Word "查找和替换" 功能便可以快速地将所需的内容选中，方法是：

按【Ctrl+F】组合键打开 "查找和替换" 对话框，在 "查找内容" 编辑框中输入查找的关键字，或者事先复制需要查找的文字后按【Ctrl+F】组合键打开 "查找和替换" 对话框，单击 "阅读突出显示" 按钮，在展开的列表中选择 "全部突出显示" 选项，如图 12-14 左图所示，单击 "关闭" 按钮，文档中所有出现的该关键字即被选中，如图 12-14 右图所示。

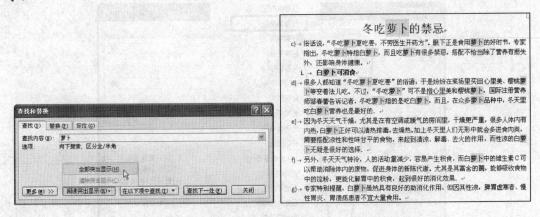

图 12-14　快速选定文档中多处相同的内容

12.12　快速清除文档中的空行

在进行多次复制粘贴操作后，文档中会留下一些空行，要快速清除这些空行，可使用 Word 的 "替换" 功能，方法是：

打开"查找和替换"对话框，单击"替换"选项卡，在"查找内容"编辑框中输入"^p^p"，在"替换为"编辑框中输入"^p"，如图 12-15 所示，单击"全部替换"按钮。

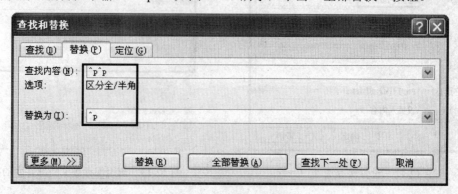

图 12-15　高级替换操作

12.13　将文档中的数字替换成空格

要将 Word 文档中的数字替换成空格，运用 Word 的高级替换功能就可以做到，操作步骤如下：

步骤 1　打开"查找和替换"对话框，单击"更多"按钮展开该对话框，然后单击"替换"选项卡。

步骤 2　在"查找内容"编辑框中单击鼠标，然后单击"特殊格式"按钮，在打开的列表中选择"任意数字"，如图 12-16 所示。

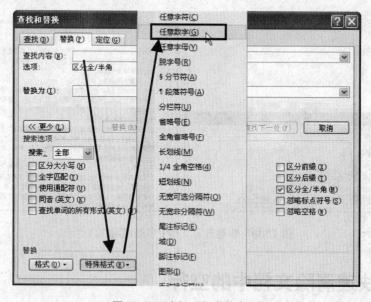

图 12-16　选择"任意数字"

步骤 3　此时"查找内容"编辑框中显示"^#"，如图 12-17 所示，在"替换为"编辑框中输入空格，然后单击"替换"或"全部替换"按钮。

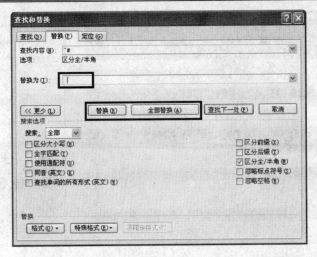

图 12-17　设置 "替换" 选项

12.14　巧妙删除粘贴 "仅保留文本" 网页内容时行首行尾的空格

由于网页文档中的首行缩进都是通过插入空格来实现的，而 Word 2007 已为正文设置了首行缩进，所以我们从网上拷贝下来的文章以 "仅保留文本" 的格式粘贴在 Word 2007 中时，段落的首行行首显示有多余的空格，如图 12-18 所示，手工进行删除实在是太麻烦，这时就可按照如下操作步骤将这些行首行尾的空格删除。

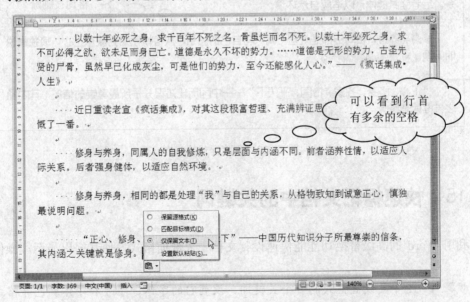

图 12-18　粘贴网页内容

步骤 1　选中要去掉行首空格的段落，如图 12-19 左图所示。
步骤 2　单击两次 "开始" 选项卡上 "段落" 组中的 "居中" 按钮，如图 12-19 右图所示，行首的空格都被去掉了，效果如图 12-20 所示。

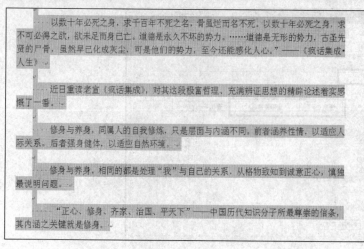

图 12-19　选择段落后单击"居中"按钮

> 以数十年必死之身，求千百年不死之名，骨虽烂而名不死。以数十年必死之身，求不可必得之欲，欲未足而身已亡。道德是永久不坏的势力。……道德是无形的势力，古圣先贤的尸骨，虽然早已化成灰尘，可是他们的势力，至今还能感化人心。"——《疯话集成?人生》
>
> 近日重读老宣《疯话集成》，对其这段极富哲理、充满辨证思想的精辟论述着实感慨了一番。
>
> 修身与养身，同属人的自我修炼，只是层面与内涵不同。前者涵养性系。后者强身健体，以适应自然环境。　　　　　　　　　　行首多余空格均被删除
>
> 修身与养身，相同的都是处理"我"与自己的关系，从格物致知到诚意正心，慎独最说明问题。
>
> "正心、修身、齐家、治国、平天下"——中国历代知识分子所最尊崇的信条，其内涵之关键就是修身。

图 12-20　删除行首的空格

12.15　快速标记文档中的关键词

利用 Word 的高级替换功能能快速设置文档中关键词格式，使其突出显示。操作步骤如下：

步骤 1　选中要设置格式的一个关键词，设置它的字体、字号和字体颜色等格式，然后按【Ctrl+C】组合键将它复制到剪贴板上。

步骤 2　按【Ctrl+H】组合键打开"查找和替换"对话框的"替换"选项卡，此时在"查找内容"中自动显示选中的内容"计算机"，在"替换为"编辑框中输入"^c"，如图 12-21 上图所示，然后单击"全部替换"按钮。文档中所有的"计算机"一词，就被设置成统一的格式了，如图 12-21 下图所示。

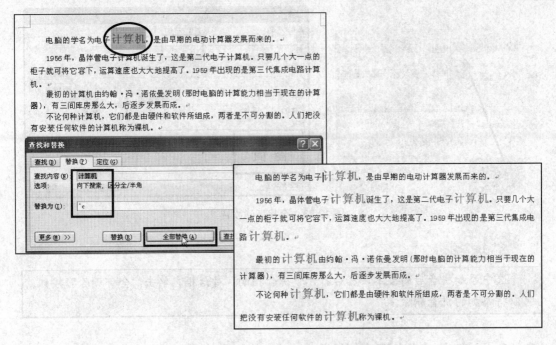

图 12-21　快速标记文档中的关键词

12.16　在 Word 2007 中用快捷键设置上下标格式

如果经常要在文档中设置上下标格式，可用如下方法快速实现：

输入文本，如 m，按【Ctrl+Shift+=】组合键，输入上标内容，如输入 "2"，再次按【Ctrl+Shift+=】组合键，如图 12-22 所示。

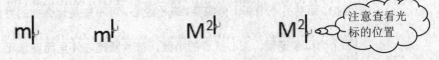

图 12-22　快速输入上标格式文本

在 Word 2007 中，【Ctrl+Shift+=】组合键是格式上标开关键。对于已输入的文本，如需改为上标格式，可以先将它们选中，然后再按【Ctrl+Shift+=】组合键。对于已设置为上标格式的文本，只要选中它们，再按【Ctrl+Shift+=】组合键即可。如果在文档中要输入下标格式文本，只需要把上述的【Ctrl+Shift+=】组合键改为【Ctrl+=】组合键即可。

12.17　Word 2007 教用户生僻汉字的正确读音

首先将不认识的汉字复制到 Word 2007 文档中，然后选中它们，单击 "开始" 选项卡上 "字体" 组中的 "拼音指南" 按钮，如图 12-23 左图所示，打开 "拼音指南" 对话框，此时就可看到这些字、词的拼音和音调，如图 12-23 右图所示。

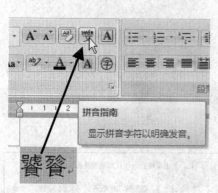
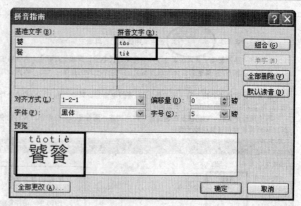

图 12-23　查找正确读音

选中添加拼音后的文本，然后打开"拼音指南"对话框，单击"全部删除"按钮，可以将添加的拼音删除。

12.18　将文字转换为拼音

将文字转换为拼音的具体操作步骤如下：

步骤 1　选中要添加拼音的文本，单击"开始"选项卡上"字体"组的"拼音指南"按钮，打开"拼音指南"对话框，单击"确定"按钮完成拼音标注，效果如图 12-24 所示。

一个猴子生了双胞胎，她只宠爱其中的一个，细心抚养，特别爱护，而对另一个却十分嫌弃，毫不经心。可不知是什么神的力量，那个为母亲宠爱、细心抚养的小猴，被紧紧抱在怀里而窒息死了，那个被嫌弃的却茁壮成长。这故事说明，过分的关心宠爱对孩子的成长不利。

图 12-24　标注拼音

由于"拼音指南"功能一次最多只能为 40 个字标注拼音，若要标注拼音的文本较多，则需重复多次操作。

步骤 2　将标注拼音字母的文字选中并剪切，然后单击"开始"选项卡上"剪贴板"组中"粘贴"按钮下方的三角按钮，从展开的列表中选择"选择性粘贴"项，打开"选择性粘贴"对话框，在"样式"列表中选择"无格式文本"，如图 12-25 所示。

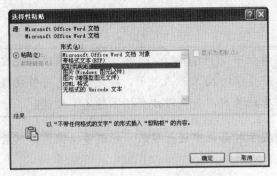

图 12-25　选择"无格式文本"项

步骤3　单击"确定"按钮，结果如图 12-26 所示。

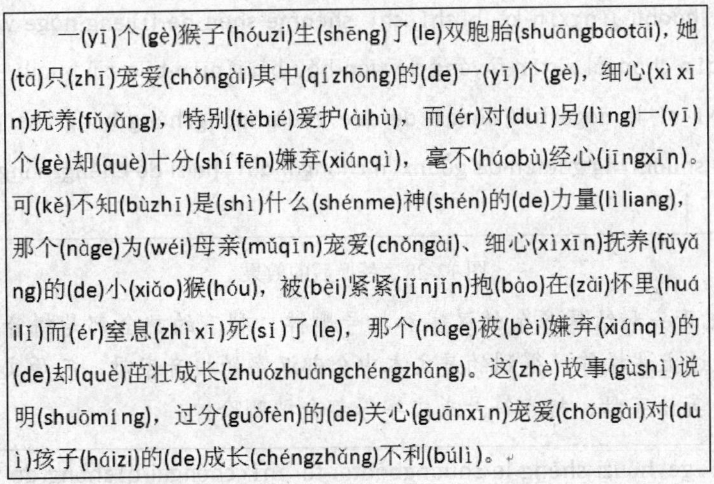

> 一(yī)个(gè)猴子(hóuzi)生(shēng)了(le)双胞胎(shuāngbāotāi)，她(tā)只(zhī)宠爱(chǒngài)其中(qízhōng)的(de)一(yī)个(gè)，细心(xìxīn)抚养(fǔyǎng)，特别(tèbié)爱护(àihù)，而(ér)对(duì)另(lìng)一(yī)个(gè)却(què)十分(shífēn)嫌弃(xiánqì)，毫不(háobù)经心(jīngxīn)。可(kě)不知(bùzhī)是(shì)什么(shénme)神(shén)的(de)力量(lìliang)，那个(nàge)为(wéi)母亲(mǔqīn)宠爱(chǒngài)、细心(xìxīn)抚养(fǔyǎng)的(de)小(xiǎo)猴(hóu)，被(bèi)紧紧(jǐnjǐn)抱(bào)在(zài)怀里(huáilǐ)而(ér)窒息(zhìxī)死(sǐ)了(le)，那个(nàge)被(bèi)嫌弃(xiánqì)的(de)却(què)茁壮成长(zhuózhuàngchéngzhǎng)。这(zhè)故事(gùshì)说明(shuōmíng)，过分(guòfèn)的(de)关心(guānxīn)宠爱(chǒngài)对(duì)孩子(háizi)的(de)成长(chéngzhǎng)不利(búlì)。

图 12-26　粘贴文本

步骤 4　打开"查找和替换"对话框的"替换"选项卡，在查找内容编辑框中输入"[)]*[(]"，在"替换为"编辑框中输入一个半角的空格。单击"更多"按钮显示高级选项，选中"使用通配符"复选框，如图 12-27 所示，然后单击"全部替换"按钮。

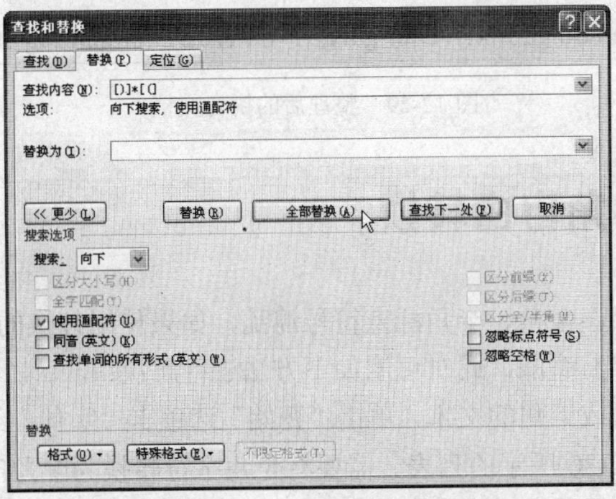

图 12-27　设置替换选项

"查找内容"编辑框中 [(]和[)]就是（ 和 ），只是在使用通配符状态下"（）"是用于界定表达式的，若直接输入"（"或"）"，系统会把它当作功能符号而提示范围错误，所以要把它放在中括号内，查找时才会按字符（ ）处理。

　　步骤 5　在弹出的提示对话框中进行确认，完成替换操作，然后关闭"查找和替换"对话框，结果如图 12-28 所示。

　　一(yī·gè·hóuzi·shēng·le·shuāngbāotāi·tā·zhī·chǒngài·qízhōng·de·yī·gè·xìxīn·fǔyǎng·tèbié·àihù·ér·duì·lìng·yī·gè·què·shífēn·xiánqì·háobù·jīngxīn·kě·bùzhī·shì·shénme·shén·de·lìliang·nàge·wéi·mǔqīn·chǒngài·xìxīn·fǔyǎng·de·xiǎo·hóu·bèi·jǐnjǐn·bào·zài·huáilǐ·ér·zhìxī·sǐ·le·nàge·bèi·xiánqì·de·què·zhuózhuàngchéngzhǎng·zhè·gù·shì·shuōmíng·guòfèn·de·guānxīn·chǒngài·duì·háizi·de·chéngzhǎng·búlì)。

图 12-28　替换后的效果

　　步骤 6　把开头和结尾多余的汉字和括号删掉，剩下的就全部是拼音字母了，如图 12-29 所示。经过上述操作，得到的是文本中全部汉字的拼音字母，而原文中没有标注拼音字母的数字、英语字母、标点符号或文字等都会被删除掉。

　　yī·gè·hóuzi·shēng·le·shuāngbāotāi·tā·zhī·chǒngài·qízhōng·de·yī·gè·xìxīn·fǔyǎng·tèbié·àihù·ér·duì·lìng·yī·gè·què·shífēn·xiánqì·háobù·jīngxīn·kě·bùzhī·shì·shénme·shén·de·lìliang·nàge·wéi·mǔqīn·chǒngài·xìxīn·fǔyǎng·de·xiǎo·hóu·bèi·jǐnjǐn·bào·zài·huáilǐ·ér·zhìxī·sǐ·le·nàge·bèi·xiánqì·de·què·zhuózhuàngchéngzhǎng·zhè·gùshì·shuōmíng·guòfèn·de·guānxīn·chǒngài·duì·háizi·de·chéngzhǎng·búlì 。

图 12-29　整理后的拼音文档

12.19　全角半角自由转换

　　在处理文档的时候，全角、半角标点符号混乱，如果使用替换的方式逐一替换标点符号，工作量太大，也容易遗漏，此时可用如下方法进行解决：

　　选中需要转换全角或半角的文本，单击"开始"选项卡"字体"组中的"更改大小写"按钮**Aa**，展开如图 12-30 所示的列表。需要将全角字符转换为半角时单击"半角"，需要将半角字符转换为全角时单击"全角"完成转换。此外，利用该选项还可完成英文的大、小写之间的转换。

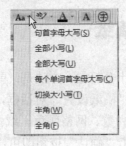

图 12-30　全角半角互相转换

12.20　任意设置编号的起始值

要任意设置编号的起始值，可右击已经编号的段落，在弹出的快捷菜单中选择"设置编号值"项，如图 12-31 左图所示，在打开对话框的"值设置为"编辑框中对编号起始值进行调整，如图 12-31 右图所示，然后单击"确定"按钮即可，效果如图 12-32 所示。

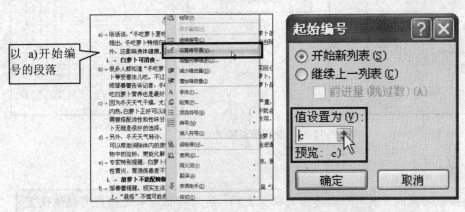

图 12-31　选择"设置编号值"项打开"起始编号"对话框

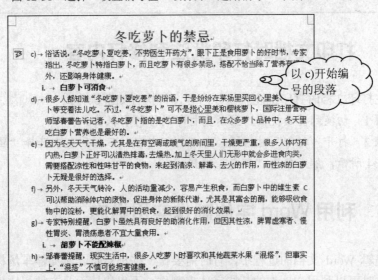

图 12-32　重新设置编号值后的效果

12.21 轻松制作精彩稿纸

在 Word 2007 中制作精彩稿纸十分轻松，方法是：单击"页面布局"选项卡上"稿纸"组中的"稿纸设置"按钮 ，打开"稿纸设置"对话框，然后在"格式"下拉列表中选择一种稿纸样式，然后设置稿纸的行列数、网格颜色、纸张大小和方向、页眉和页脚等，如图 12-33 左图所示，设置完毕，单击"确认"按钮即可，效果如图 12-33 右图所示。

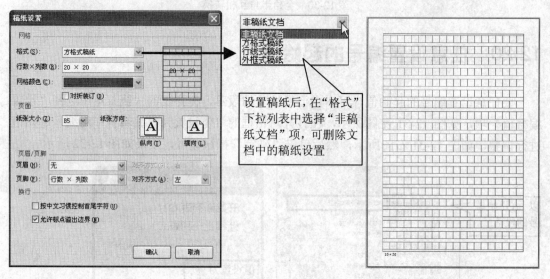

设置稿纸后，在"格式"下拉列表中选择"非稿纸文档"项，可删除文档中的稿纸设置

图 12-33　制作精彩稿纸

在应用稿纸功能时，既可以新建空的稿纸文档，也可以为现有文档应用稿纸设置使其成为稿纸文档。

12.22 打印文档时打印批注和修订内容

要在打印文档时打印批注和修订内容，可执行如下操作：

步骤 1　切换到页面视图，显示要打印的修订和批注。

步骤 2　打开"打印"对话框，在"打印内容"下拉列表中选择"显示标记的文档"，如图 12-34 所示，然后单击"确定"按钮。

12.23 利用 Word 字体制作实用标志

在编辑 Word 文档的过程中，有时需要做一些标志符，例如停车场标志、禁止吸烟标志等，这时可以利用 Word 的某些字体来制作，不仅快捷而且方便。比如要制作一个自行车停放标志，操作步骤如下：

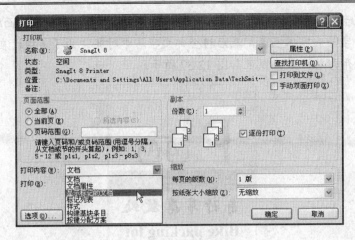

图 12-34　设置打印选项

步骤 1　启动 Word，设置好页面属性，如图 12-35 所示。

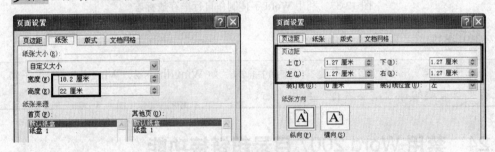

图 12-35　设置页面属性

步骤 2　单击"插入"选项卡上的"符号"按钮，在展开的列表中选择"其他符号"项，打开"符号"对话框，在"字体"下拉列表中选择"Webdings"，在中间的符号区就可发现"自行车"的标志，单击该符号，如图 12-36 所示，然后单击"插入"按钮，最后单击"关闭"按钮关闭对话框。

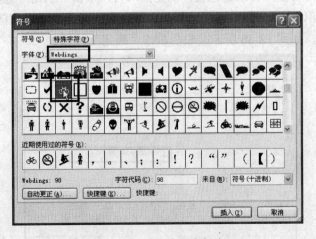

图 12-36　选择自行车标志

步骤 3　在文档中插入选定的"自行车"标志，将字号设置为 250、加粗，调整其颜色为红色等，然后在自行车标志的前面输入大写 P 并加粗，最后在标志下面输入两排文字，并设置其字体、字号和字体颜色，最后将全部文字居中对齐。为了美观，在文字与标志中间插入一蓝色矩形形状，最终效果如图 12-37 所示。

图 12-37　利用 Word 字体制作自行车存放标志

在"字体"下拉列表框中选择不同的字体，如 Wingdings 2、Wingdings 3 等字体，还有更多有趣的符号，读者可以自己查看。

12.24　禁用 Word 2007 目录超链接功能

默认情况下，Word 2007 建立的目录开启了超链接功能，按住【Ctrl】键的同时在该目录上单击鼠标左键，可以跳转到该目录对应的位置。如果不需要超链接功能，则可以在新建目录时进行设置。禁用 Word 2007 目录超链接的方法如下：

将光标定位在需要插入目录的位置，确定插入符，单击"引用"选项卡，在"目录"组单击"目录"按钮，在展开的列表中选择"插入目录"，取消"使用超链接而不使用页码"复选框的选中状态，如图 12-38 所示，最后单击"确定"按钮。

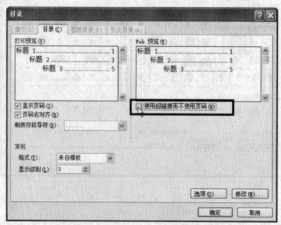

图 12-38　取消目录链接功能

12.25　为 Word 2007 文档自动加上统一密码

在实际工作中，为安全起见，可能会给每一个 Word 2007 文档都加上密码，而且为了便于记忆，所有的文档都使用同一个密码。所以，每编辑一个新文档，就要重复添加密码的操作过程。下面介绍一种自动给所有 Word 2007 文档加上统一密码的好方法，操作步骤如下（关于宏的录制前面有详细介绍）：

步骤 1　单击"视图"选项卡上"宏"组中的"宏"按钮，在展开的列表中选择"录制宏"。

步骤 2　打开"录制宏"对话框，在"宏名"编辑框中键入宏的名称，在"将宏保存在"下拉列表中单击"所有文档（Normal.dotm）"，在"说明"编辑框中键入对宏的说明，比如"给新建文档自动加上统一密码"，如图 12-39 所示，然后单击"确定"按钮开始录制宏。

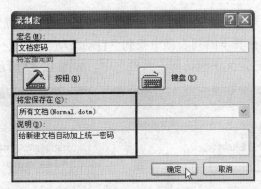

图 12-39　输入宏名

步骤 3　单击"Office 按钮"，在展开的列表中将光标移到"准备"项上，选择"加密文档"，如图 12-40 左图所示，打开"加密文档"对话框，在"密码"编辑框中输入需要设置的密码，如 123456，如图 12-40 右图所示，单击"确定"按钮，再次输入密码，再次单击"确定"按钮。

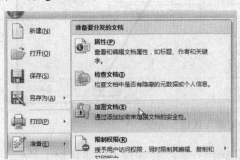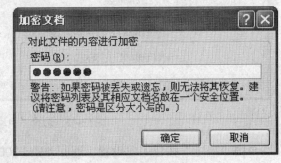

图 12-40　输入密码

步骤 4　在"宏"列表中单击"停止录制"项，然后单击列表中"查看宏"项，即可看到刚才录制的宏。

步骤 5 由于宏在每次关闭文档时会自动运行，所以使用 Word 2007 新建或打开任何一个文档并关闭或退出时，Word 2007 将询问是否保存对文档的修改，如图 12-41 左图所示，如果单击"是"按钮，则文档将被加上密码"123456"，单击"否"按钮则不加密码。

步骤 6 下次打开该文档时会要求输入密码，如图 12-41 右图所示。

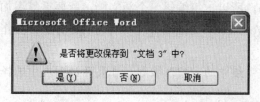

图 12-41　提示对话框

12.26　巧设 Word 2007 无滚轮也可自动滚动

打开"Word 选项"对话框，单击"自定义"选项，在"从此位置选择命令"下拉列表中选择"所有命令"，再在其下的列表框中找到"自动滚动"命令，单击"添加"按钮，将其添加到右侧窗口的"自定义快速访问工具栏"中，如图 12-42 所示。

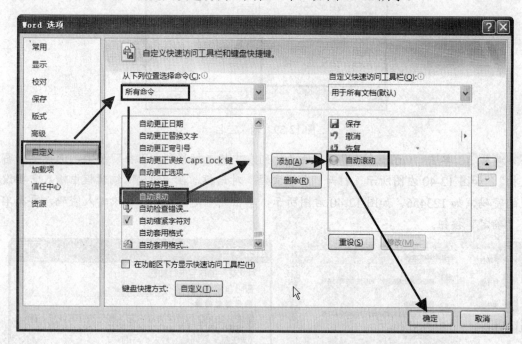

图 12-42　选择"自动滚动"按钮

单击"确定"按钮退出设置，返回 Word 2007 操作界面，会看到"快速访问工具栏"中多出一个绿色的"自动滚动"按钮，如图 12-43 左图所示。单击"自动滚动"按钮后，Word 2007 窗口中的鼠标指针会变成黑三角形状，而窗口中间还出现了一个浅灰色的上下箭头图案，如图所 12-43 右图示。将鼠标指针移到上箭头图案，文件会向上卷动；移到下箭头图案，则会将文件向下卷动；将鼠标指针移到中间灰色的箭头上表示停止卷动。如果想终止自动滚动操作，只需单击鼠标左键即可。

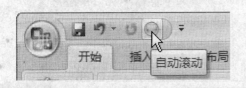

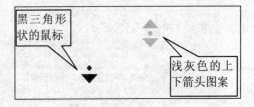

图 12-43 将"自动滚动"按钮添加到快速启动工具栏上

12.27 轻松解决语言障碍

Word 2007 提供了强大的语言支持功能，可以有效地帮助用户无障碍地阅读文档。例如，当我们遇到不熟悉的单词或短语时，可以在该文档内容上单击鼠标右键，在弹出的快捷菜单中选择"翻译">"中文"项，如图 12-44 上图所示，然后将鼠标指针移到单词或短语的上方，就可以即时看到相应的翻译屏幕提示，如图 12-44 下图所示。

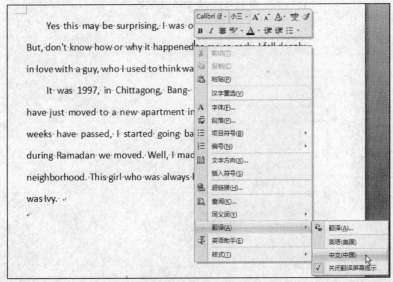

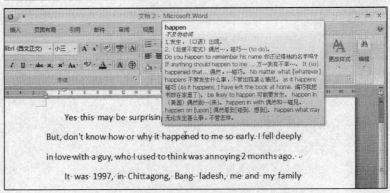

图 12-44 将英文翻译成中文

相应地，用户也可以执行"翻译"命令将中文翻译成英文，如图 12-45 所示。

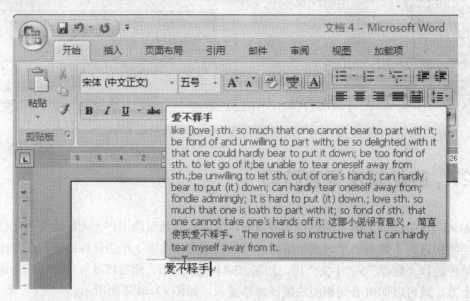

图 12-45　中文译成英文